谢豪英 编著
鼓舞工作室 图/视频

重庆出版集团 重庆出版社

图书在版编目 (CIP) 数据

古味今做 / 谢豪英编著 . —重庆 : 重庆出版社 ,
2019.2

ISBN 978-7-229-13553-9

Ⅰ. ①古… Ⅱ. ①谢… Ⅲ. ①菜谱 Ⅳ. ① TS972.12

中国版本图书馆 CIP 数据核字 (2018) 第 206729 号

古味今做

GUWEI JINZUO

谢豪英 编著

策　　划 : 千卷文化
责任编辑 : 陈　冲
责任校对 : 何建云
封面设计 : 邹雨初
装帧设计 :
图 / 视频 : 鼓舞工作室

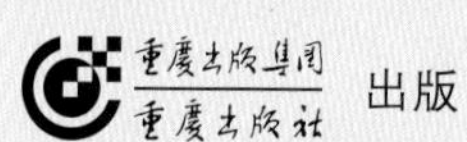

出版

重庆市南岸区南滨路 162 号 1 幢　　邮政编码 :400061　　http://www.cqph.com
重庆俊蒲印务有限公司印刷
重庆出版集团图书发行有限公司发行
全国新华书店经销

开本 :787mm×1092mm　1/16　印张 :12.25　字数 :300 千
2019 年 2 月第 1 版　　2019 年 2 月第 1 次印刷
ISBN 978-7-229-13553-9

定价 : 42.00 元

如有印装质量问题，请向本集团图书发行有限公司调换 :023-61520678

本书主厨

乐厨

乐厨是一家提供家庭餐食系统解决方案的企业，从原料采集，到菜谱和制作流程研发，将复杂的家庭食物采购和烹饪行为变为简单有趣的过程，最大限度地减少人们为家庭餐食所付出的思考时间和制作时间，同时保证了餐食的多样性和营养搭配，以及满足了人们在其中的乐趣体验和自我成就感。

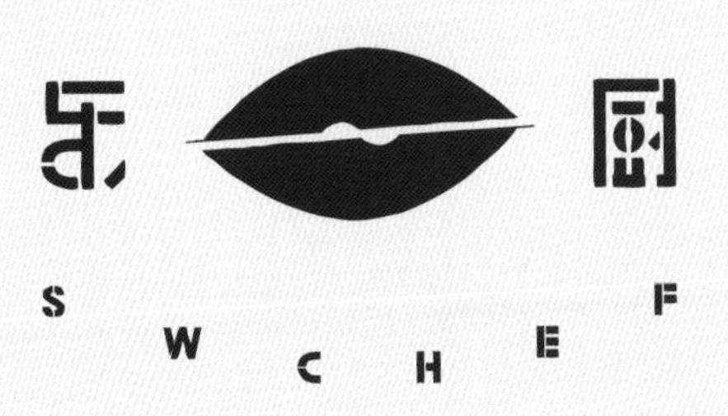

思味乐厨

序论 向老祖宗偷师学做菜

现代人越来越注重生活质量，尤其是饮食质量，不仅追求原材料的健康、味道鲜美，也注重养生。“药食同源”是祖先千百年来的饮食信仰，也是留给我们的养生智慧。当我们想要学习饮食养生，甚或只是丰富我们的饭桌时，从古人那里偷师学艺便是一条捷径。

中华饮食文化源远流长，留下了大量食馔著作和数不清的珍馐秘笈。自隋代谢讽著《食经》之后，唐宋以后饮食专书就更多了，如唐刘恂的地理笔记《岭表录异》记述了唐代岭南山珍海错及其烹制方法；北宋人陶谷撰著的随笔集《清异录》，其中和饮食有关的门类共有八条，共238条，占全书三分之一强；南宋林洪撰著的《山家清供》，则以素食为主，包括当时流传的104则食品；宋末词人陈达叟所著的《本心斋食谱》，记蔬食二十品类。

而元代忽思慧的《饮膳正要》算是古代食疗专著，书中除了阐述各种饮馔的烹调方法外，更着重论述其性味与补益作用。生于南宋，卒于明初，历经三朝、活了106岁的贾铭，将自己毕生的饮食经验写成了《饮食须知》一书，该书不仅对厨师的烹饪有重要的参考价值，而且对老百姓的日常餐饮也有一定的指导意义。

元代倪瓒编撰的《云林堂饮食制度集》、无名氏编撰的《居家必用事类全集》、韩奕撰著《易牙遗意》以及明代刘基所撰《多能鄙事》，都收录了丰富的饮食内容。到清代，朱彝尊作《食宪鸿秘》、袁枚著《随园食单》、李化楠撰《醒园录》，食馔典籍更是随着中华饮食文化的巅峰而空前繁荣。

历史变迁，总会散佚很多有价值的东西，食也如此，总有一些古人喜食的食物最终被时光掩埋。那些古代典籍里的珍馐美馔，一些随着典籍散佚而成为历史名词，一些因为食材变化而消失，另外一些因为现代人的生活节奏加快，而渐渐地懒于去做。

要学“古早味”的传统菜，当然应该尽量选择距我们年代近一些的典籍。袁枚的《随园食单》是首选，因为该书距我们年代近，其中的菜品做法全，囊括了畜、禽、水族、素菜等家常菜和点心、饭粥、茶酒等所有门类。不仅如此，书中还用到了即使现在的厨师培训学校也不一定会全部教授的烹调技艺，同时涉及的菜式虽以江浙菜为主，却也兼顾了京、粤、徽、鲁等地方菜式，档次上则既有高大上的宫廷菜，也有普罗大众的街边菜，几乎包罗万象。而且袁枚所写的菜谱完全是逗乐子，好读易懂，不乏如珠妙语，如在“作料须知”里说：“厨者之作料，如妇人之衣服首饰也。虽有大姿，虽善涂抹，而敝衣褴褛，西子亦难以为容。”还真是贴切。跟着袁枚学做菜，不失为一件乐事。

比袁枚早的朱彝尊所撰《食宪鸿秘》也可作为美食宝典。该书也以江浙风味菜肴为主，兼及北京和其他地区，涉及了菜肴、面点、佐料和各种烹饪方法，袁枚的《随园食单》中有一些内容即直接来源于此。相比而言，作为经史学家、目录学家，朱彝尊的食谱比袁枚显得更学者气一些，虽不那么跳脱有趣，但也不失典雅。学者的严谨让他的菜谱也极详细，例如“酱芥”， 拣菜的过程肯定要去败叶，他老人家生怕有人不明白，非得说清楚：“拣好芥菜，择去败叶，洗净，将绳挂背阴处……”一些复杂难做的菜，按他的步骤做倒是不会出错。

曾风行一时的“红楼菜”也不可不学。《红楼梦》虽然不是一本饮食专书，但其中涉及的饮食文化却不亚于那些专著。它同样诞生于中华饮食文化的盛世，各种美食和活生生的人连在一起，活色生香，观之如饴。除去“茄鲞”这样听起来就难做的菜，大多数“红楼菜”选取的就是寻常原料，做法也并不难，如林妹妹专享的“火肉白菜汤”，不过是火腿和白菜一起炖，加上些虾米调味，很适合在家里快食。

素食爱好者则不可错过《山家清供》。这本书撰于宋代，可以说是素食养生宝典。作者林洪在江淮一带游历二十余年，推崇清淡田蔬。食素之人多风雅，林洪在书中记录了数十种以花果为主要原料的菜肴，每一道菜肴都体现了“清”和“雅”的饮食美学思想。近些年素食大兴，林洪的食谱完全可资借鉴，而他在谈饮食之余大量征引诗词曲赋，口腹之欲和精神食粮兼得，做菜也变得诗情画意。

不过，中华饮食专著多为文人所撰，而文人从来信奉“君子远庖厨”，写起美食来文采飞扬，煞有其事，但所记并非都有操作性。此外，今人的口味与古人相比变化甚大，古人津津乐道的美食，今日看来不仅未必“美”，甚至不再适合。例如“红楼菜”中著名的茄鲞，做法繁复，咸味很重，因为这本是一道“远菜”，适合旅途中食用，跟今天的咸菜差不多，因此今人做这道菜时，通常改良为茄子鸡丁。

古味虽好，当与时俱进，与味觉相宜，跟着古书学做菜，也不妨根据食材、季节和个人口味做些调整，如此，才有成就感和积极性，传统味道也因此有了生命力。

食材速查

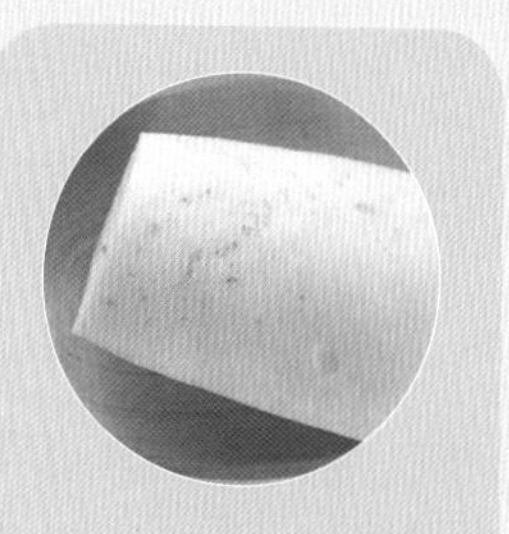

- 白萝卜 -

白萝卜是根茎类蔬菜，其味略带辛辣，能促进消化，增强食欲。

- 八角 -

八角又称大茴香，味道同小茴香相似，更有甜味，是香料的一种。可作药材，也可用于日常烹饪制作。

- 白胡椒粉 -

白胡椒粉是白胡椒碾压而成的香料粉，香中带辣，常用来提升菜肴味道，也可用于祛腥提味。

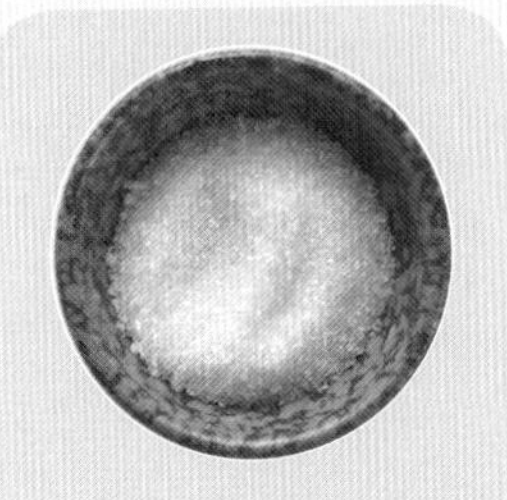

- 白糖 -

白糖是由甘蔗和甜菜榨出的糖蜜制成的精糖。色白，干净，甜度高，可以增甜、调色、提鲜。

- 冰糖 -

冰糖是白砂糖煎炼而成的冰块状结晶，呈透明或半透明状。既可作糖果食用，也可用作高级食品甜味剂。

- 醋 -

醋是一种重要的酸味液态调味品，多由糯米、高粱、大米、玉米、小麦以及糖类和酒类发酵制成，常用于熘菜、凉拌菜等。

- 菜心 -

菜心又称菜薹、广东菜薹、广东菜、菜花等，以花薹供食用。质柔嫩，风味可口，营养丰富。

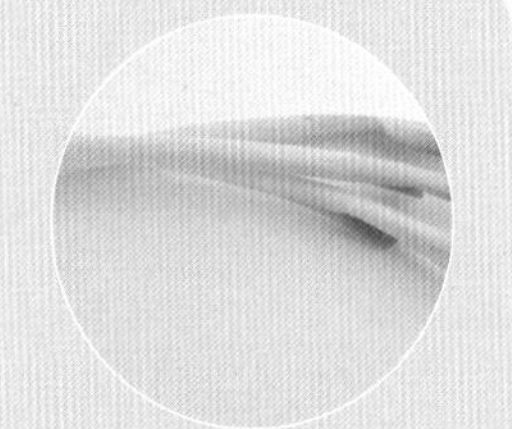

- 大葱 -

葱的一种，味辛，性微温，具有解毒调味的作用，常作为一种很普遍的调料或蔬菜食用。

- 冬瓜 -

常见蔬菜，也可浸渍为各种糖果；果皮和种子可作药用，有消炎、利尿、消肿的功效。

-番茄酱-

以新鲜番茄制得的浓缩酱汁，酸甜味道浓郁，是增色、添酸、助鲜的调味佳品。

-桂皮-

是肉桂、川桂等树皮的统称。本品为常用中药，又为食品香料或烹饪调料。

-枸杞-

为茄科植物枸杞的干燥成熟果实。具有多种营养，可药食两用。

-干辣椒-

新鲜红辣椒经过脱水干制而成的辣椒产品，含水量低，适合长期保存，主要用作调味料。

-红枣-

又称大枣，味道甘美，营养丰富，尤其是维生素含量非常高，有“天然维生素丸”的美誉。

-花椒-

鲜花椒经过干制而得的棕色颗粒状果实，味道辛香刺激，常用作调料或者香料。

- 核桃仁 -

又称胡桃仁、胡桃肉，为胡桃核内的果肉。性温，味甘。补肾，温肺，润肠。

- 黄豆酱 -

黄豆炒熟、磨碎后发酵而成，有浓郁的酱香和脂香，咸甜适口，适宜各种烹调方式，也可佐餐、净食。

- 黑胡椒粉 -

黑胡椒碾压而成的香料粉，香中带辣，常用来提升菜肴味道，也可用于祛腥提味。

- 黑豆 -

为豆科植物大豆的黑色种子，又名橹豆、黑大豆等。高蛋白，低热量。

- 鸡蛋 -

母鸡所产的卵，其外有一层硬壳，内则有气室、卵白及卵黄部分。富含胆固醇，营养价值很高，是人类常食用的食物之一。

- 红菜椒 -

红菜椒色泽亮丽，富含维生素，果肉厚实，辣味较淡，味道清香。

- 鸡腿菇 -

因形如鸡腿、肉质肉味似鸡丝而得名。营养丰富，清香味美，口感滑嫩，集营养、保健、食疗于一身。

- 鸡精 -

鸡精是在味精的基础上加入化学调料制成的，是既能增加人的食欲，又能提供一定营养的家常调味品。

- 酱油 -

用豆、麦、麸皮酿造的液体调味品，红褐色，有独特酱香，滋味鲜美，有助于促进食欲。

- 橘皮 -

橘类的果皮阴干或晒干而成。气芳香，味苦。理气，调中，燥湿，化痰。

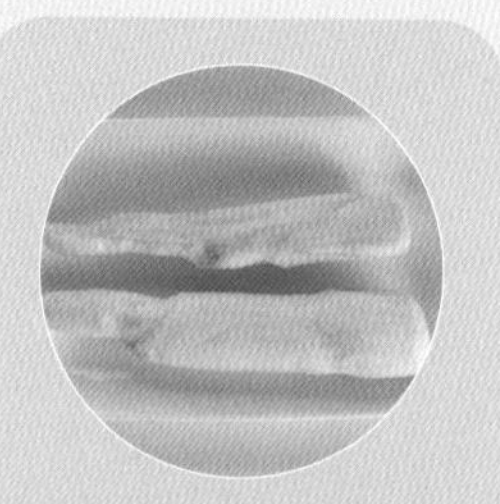

- 茭白 -

又称菰笋、高笋等，我国特有的水生蔬菜。脆嫩略甘，鲜嫩的茭白既可作蔬菜，又可作水果。

- 炼乳 -

炼乳是用鲜牛奶或羊奶经过消毒浓缩制成，呈乳白色或微黄色，有光泽，口感细腻，质地均匀。

- 醪糟 -

又称酒酿、甜酒。糯米或大米经过酵母发酵而制成的一种风味食品，香甜醇美。

- 料酒 -

烹饪用酒。添加黄酒、花雕酿制，酒香馥郁，味道甘香醇厚。在烹调菜品时加入料酒，不但能有效祛除鱼、肉的腥膻味，也可给菜肴增香添味。

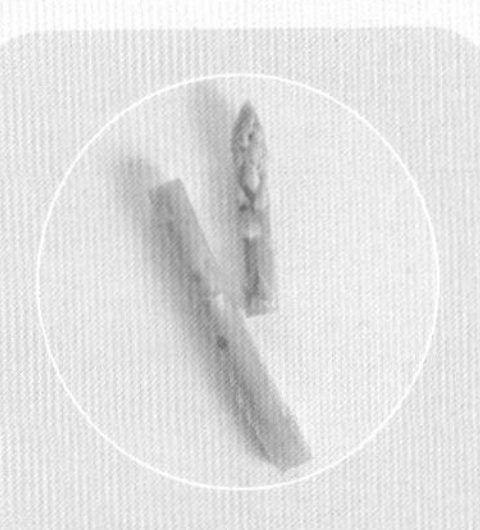

- 芦笋 -

又称荻笋、南荻笋，营养丰富，清香脆嫩，鲜美爽口，风味独特，拌、炒、炖皆可。

- 木耳 -

又称桑耳、木茸等。具有滋补、润燥、养血益胃等作用，是一种营养丰富的食用菌，也是我国传统的保健食品。

- 面粉 -

由小麦磨成的粉末，为最常见的食品原料之一。按蛋白质含量的多少，可以分为高筋面粉、低筋面粉和无筋面粉。

- 面包糠 -

一种广泛使用的食品添加辅料，用于油炸食品表面。其味香酥脆软、可口鲜美、营养丰富。

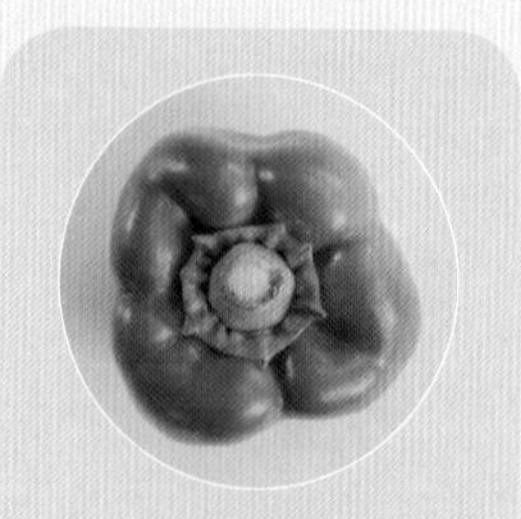

- 青椒 -

青椒肉厚，辣味较淡，属于蔬菜用辣椒，营养丰富，烹饪方式多样。

- 笋 -

竹子初从土里长出的嫩芽，质地鲜嫩，味鲜美，也叫“竹笋”。

- 沙参 -

以根入药，甘而微苦，能祛寒热、清肺止咳，也有治疗心脾痛、头痛等效果。

- 松子仁 -

红松的种子仁。味甘性温，具有滋阴润肺、美容抗衰、延年益寿等功效。

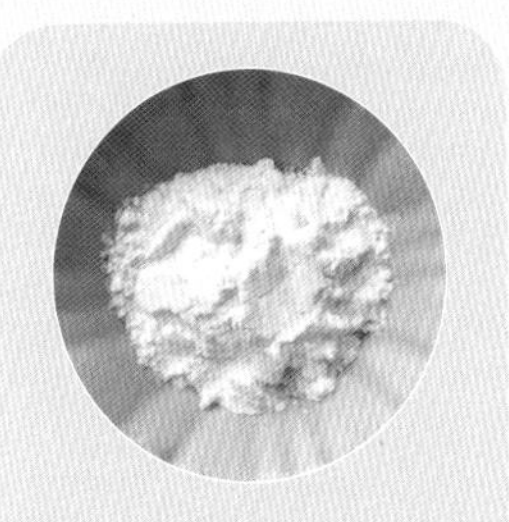

- 生粉 -

中餐常用的食用淀粉，如玉米粉和马铃薯粉等。可以用来勾芡或上浆，亦可用作腌料。

- 生姜 -

生姜味道辛辣，在烹饪中常用作调味品，也可制成姜汁、药材等使用，营养价值丰富。

- 莴笋 -

又称莴苣，主要食用肉质嫩茎，可生食、凉拌、炒食、干制或腌渍，嫩叶也可食用。

- 香菇 -

又称香蕈、香菰，味道鲜美，香气沁人，营养丰富，是高蛋白、低脂肪的营养保健食品。

-虾仁-

剥壳后的纯虾肉。形态饱满，色泽洁白，清爽利落，口感鲜嫩。

-小茴香-

又称茴香子，是香料的一种，也用作调味品。因其本身带有香气，还常用作卤料，或者加在饺子馅料中使用。

-香油-

香油是从芝麻中提炼出来的，具有特别的香味。色如琥珀，浓香醇厚，可用于调制凉热菜肴，祛腥臊而生香味，加于汤羹，增鲜适口。

-小葱-

又称绵葱、香葱。常用作调料，生切小段撒在成品菜上，可提升菜品成色、味道，也可以作为烹饪食材用。

-虾米-

由鹰爪虾、羊毛虾、脊尾白虾、对虾等加工而成的熟干品。味甘、咸，性温，营养丰富。

-香叶-

一般是指月桂叶，香气芬芳，略带有苦味，可用于腌渍或浸渍食品，又可用于炖菜、填馅及鱼的烹饪等。

-猪油-

又称荤油、大油，由猪肉提炼，是一种初始状态为略呈黄色、半透明液体的食用油。

-紫菜-

海中互生藻类的统称，深褐色、红色或紫色。富含蛋白质和碘、磷、钙等，供食用和药用。

目录

牲单

人类花了几百万年的工夫才爬上食物链的顶端，可不是为了吃素的。200万年前人类就已经开始食肉，而1万年前进入农耕畜牧时代后，我们的祖先才真正掌握了对肉食的主动权。可以说，肉食对人类进化有着不可或缺的作用。

肉类是我们膳食组成中重要的一部分，含有优质蛋白质、脂类、脂溶性维生素、B 族维生素和矿物质，是人类蛋白质的主要来源。不过历史发展到今天，人们吃肉不再单纯是为了摄取能量，满足口腹之欲成了吃肉最主要的目的。肉类食物可加工成各类美味佳肴，古代典籍里的肉类的做法和今天相比有很大的不同，因为古代没有那么多的调味品和现代化的烹饪工具，最大程度地保留了肉类食物本身的口感和营养。

现代人获取能量、营养的来源广泛，当然不限于肉食。但是对肉食的渴望仍然潜藏在身体里，每到饭店，厨房里飘出的肉香总让人垂涎三尺；家的味道也在浓浓的厨房香气里变得具象起来，令人眷恋。作为家庭味业掌门人，做几道拿手的肉菜是必不可少的。

做肉食，日常可选的原料不外猪牛羊等畜类，其中又以猪肉最易得且最易做。因此，我们从古典菜谱的“牲单”选取的，也以猪肉为主。这部分的九道菜中，除“羊羹”外，原材料都来源于猪，并且从皮肤到内脏，从头至脚，菜式虽少，却极丰盛。做法也颇具代表性，也就是说，其中一些，如套肠、灌肚、荷叶粉蒸肉，把猪肉换成羊肉、牛肉也无不可。

牲单 No.1

东坡腿

一只火腿的情怀

第一次做成东坡肘后，我得意地发了一条微信："挑战东坡腿成功！"结果点赞的少，讥笑的多，原来东坡肘是东坡肘，东坡腿是东坡腿，它们根本是两道完全不同的菜。我的脸啊，丢大了。后发奋研究，才知道苏东坡这个美食家，以他名字命名的不仅有腿跟肘，还有"东坡肉""东坡豆腐""东坡玉糁""东坡芽脍""东坡墨鲤""东坡饼""东坡酥""东坡豆花"……

东坡肘和东坡腿的差别，其实就是鲜腿和火腿的差别。

东坡腿的做法载于《食宪鸿秘》汪拂云抄本：

陈金腿约六斤者，切去脚，分作两方正块。洗净，入锅，煮去油腻，收起。复将清水煮极烂为度。临起，仍用笋、虾作点，名"东坡腿"。

你看，东坡腿实际上比东坡肘好做多了，火腿本身咸鲜，只需用清水炖烂，再起锅加笋子、虾提鲜，哪像东坡肘要先煨熟，上色，还要炸皮，上屉笼蒸烂……

每一道"东坡"菜都有一个跟苏轼相关的故事。东坡腿的传说是这样的：

苏轼在宋绍圣元年被贬谪到广东惠州，一家人生活相当艰辛。时任循州太守的周彦质也是个大文人，著有《宫词》一百首，两人惺惺相惜，结为莫逆之交，周彦质时常接济苏家。

有一次，周彦质出差路过惠州，照例给苏家带来一批粮油药材。挚友来访，苏轼兴致高昂，便亲自下厨为好友做菜。苏轼喜食火腿，他在《格物粗谈·饮食》里还详述了火腿的吃法："火腿用猪胰二个同煮，油尽去。藏火腿于谷内，数十年不油，一云谷糠。"贬官的谷仓里常常无粮，更无火腿可藏，那一天福至心灵想起不知什么时候别人送的一只火腿，已不知在家里放了多久舍不得吃，正好款待好友。

当大文豪脸上带着烟气端出火腿时，周太守惊呆了，简直是天下第一美味啊！腿肉火红酥烂，鲜香入味，配上嫩笋、白虾，色香味俱全，口腹欲与精神享受兼得，真应了后人续貂苏轼的名句“可使食无肉，不可居无竹；无肉令人瘦，无竹令人俗”所说的：不俗也不瘦，天天笋煮肉。

太守大人连连称赞，连肉带汤往肚里咽，还不忘套问做法。苏大厨大为得意，自然一五一十地和盘托出。结果太守一回到家，赶紧叫厨子如法炮制，做出来大家都说好吃得不得了。专业的厨子也说不出个“不”字，只有叹服的份，连问菜名。周太守沉吟半晌，说，就叫“东坡腿”吧。

好端端的东坡居士，名字就给了腌猪腿。

当然，这只是后人附会，除了知道苏轼记载过火腿，没有人知道是不是他发明了东坡火腿，而“东坡肉”三字最早是出现在《食宪鸿秘》里。不过按照苏东坡那豁达的个性，有身处逆境仍不失品位的雅趣，又是个有点闲工夫就愿意钻研小菜的生活家，普通食材经他的手，想必都别有滋味吧。这样的菜肴有诗意，有情怀，当然，最主要的是绝对能征服味蕾，满足食欲。

不过今天粤东北客家山区的东江名菜“东坡腿”采用鲜猪腿，做法跟川菜系的东坡肘类似，和汪拂云抄本里的东坡腿不同。如此说来，我错把东坡肘当东坡腿，也不算太丢脸。

主料

火腿	400g

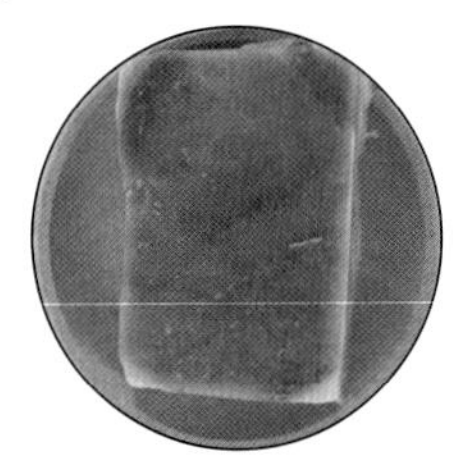

是经过盐渍、烟熏、发酵和干燥处理的腌制动物后腿，色、香、味、形、益五绝。

配料

虾仁	50g
笋	75g
鸡蛋清	20g
生粉	20g
料酒	10g

1. 火腿洗净后，在靠肉的一面纵横各切 2 刀。
2. 笋切成滚刀块。
3. 虾仁洗净，加入料酒、鸡蛋清、生粉，搅匀成浆虾仁，备用。
4. 将火腿皮朝下放在大碗中，加入清水至淹没。

1 | 2 | 3 | 4

5 6
7 8

5. 将碗放入蒸锅用大火蒸1个小时，然后滗去汤水，换清水，加盖再蒸1小时，再将咸水滗去。先后如此法蒸3次，使火腿咸味变淡、火腿肉酥烂。
6. 火腿连同汤水一起倒入蒸锅中，再放入笋片，用中火煮15分钟后取出火腿，浇上汤汁。
7. 炒锅置旺火上，倒入清水，水烧沸后放入浆虾仁煮熟。
8. 将浆虾仁放在火腿上面即可。

牲单 No.2

肺羹

偶尔为之的美味

出于健康的考虑，最好少吃猪内脏，毕竟内脏的胆固醇、脂肪含量都较高。但是某些内脏一旦吃过，便会常常想念，总惦记着什么时候去肉铺弄一个回来，捣腾点新的吃法。

一直以来，猪肺都不在“美食”行列，流传至今的美食古籍里，猪肺的做法少有记载。它通常作为药膳出现，民间有许多用猪肺做药引子的偏方，用来疗理各种与呼吸道有关的疾病。《本草纲目》记载说，猪肺“疗肺虚咳嗽，咯血”，清代名医王士雄的《随息居饮食谱》记载，其“甘平，补肺，止虚嗽。治肺痿，咳血，上消诸症”。其实猪肺含有蛋白质、脂肪、钙、磷、铁、烟酸以及维生素 B_1、维生素 B_2 等，常人均可以食用，不过量就好。

猪肺不常见于饭桌，也跟它难买有关吧。所以若碰到就跟捡到宝一样，绝对值得买回家。至于做法嘛，可以炒，可以卤，可以炖汤。味道呢，作料和火候到了，都不会太差。

相比别的内脏，烹煮猪肺略麻烦，麻烦之处在于清洗。毕竟肺是呼吸系统的主要器官，血管、气管阡陌纵横，隐藏着大量的细菌。《随息居饮食谱》也说：“不但肠胃垢秽可憎，而肺多涎沫，心有死血，治净匪易，烹煮亦难。”

王士雄走南闯北行医四十几年，著述颇多，细到日常饮食、生活环境，真是为老百姓的健康操碎了心。不过若是买到表面色泽粉红、光泽均匀、富有弹性的新鲜猪肺，又清洗得法、烹煮得法，是可以成为家里偶尔为之的养生菜的。

我查阅了各种做法，觉得《食宪鸿秘》里的肺羹颇为有趣，味道也鲜美。

猪肺治净，白水漂浸数次。血水净，用白水、盐、酒、葱、椒煮，将熟，剥去外衣，除肺管及诸细管，加松仁，鲜笋切骰子块，香蕈细切，入美汁煮。佳味也。

老祖宗们是有多喜欢鲜笋和香蕈，但凡浓白的汤，都少不了这俩家伙。想来古时候没有味精，这些宝贝不仅提味，本身也有很好的食补功效，所以经常成对出现吧。

《食宪鸿秘》里肺羹的做法相对来说，比其他方法要麻烦些，肺羹几乎是我唯一见到的要剥去外衣、除掉肺管和细管的食谱。清朝人可真会吃。

做法只有寥寥数十字，却要花两三个小时的时间。当它散着热气完美呈现时，脑海里只有一句话：它值得花那么多时间去做。汤色浓白，香味扑鼻，切成小块的猪肺裹挟了笋和菇类的美味，已经联想不到它是猪下水了。

没有鲜笋、菇类，也可用薏米、梨、白菜干、剑花干、沙参、玉竹、百合、杏仁、无花果、罗汉果、银耳等煨汤做羹，它们都是猪肺的好搭档，但忌与白花菜、饴糖同食，否则会出现腹痛、呕吐等症状。便秘、痔疮者也不宜多食。

西门庆其实也是一位美食达人。《金瓶梅》第五十四回，下雪了，西门大官人的菜有“一碗黄熬山药鸡，一碗臊子韭，一碗山药肉圆子，一碗炖烂羊头，一碗烧猪肉，一碗肚肺羹，一碗血脏汤，一碗牛肚儿，一碗爆炒猪腰子”。一顿饭倒有一半是内脏，其中就有肺羹，似乎这是个好东西。

主料

猪肺	300g

1 猪肺

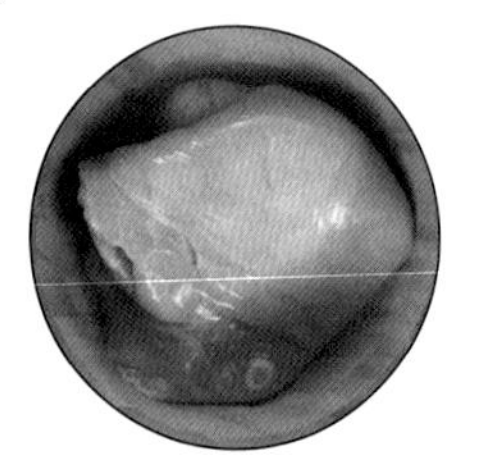

猪的呼吸器官，色红白，含有大量人体必需的营养成分，适合炖、卤、拌。

配料

笋	80g
鸡腿菇	80g
松子仁	50g
盐	1g
料酒	2g
大葱段	5g
姜片	5g
花椒	1g

1. 猪肺用清水洗净后切成小块。
2. 笋切片。
3. 鸡腿菇切片。
4. 锅中倒水，水沸后放入猪肺，猪肺煮几分钟后捞出。
5. 锅中倒入水，再放入葱段、姜片、猪肺、花椒、料酒、盐同煮，煮至猪肺七八成熟时捞出。
6. 在之前的汤汁中加入鸡腿菇、松子仁、猪肺、笋，同煮至汤白浓香即可。

灌肚

腹内原来精华

怀孕的时候，妈妈总给我做糯米小肚。她说这是老一辈代代相传的孕期食补方，对将来宝宝的肾脏功能发育也有好处。我不知道她说的有没有道理，反正她做了我就吃，也不记得吃了多少个糯米小肚。

当时我对她的迷信是讥诮的，后来自己当家做菜，慢慢了解到一些食疗方，才知道代代相传的食补方是有道理的。

猪小肚是猪的膀胱，也叫猪尿脬、猪脬子、猪尿包——听起来不雅，不过它却有清热利湿、益脾补肾等功效，民间验方常用于治疗肾虚遗尿、尿频、小儿遗尿等。

再说灌肚这种做法，说来也不稀奇。能往肠子里灌东西，自然也能往大小肚里灌。正宗的满洲菜里，有一道肝灌肚，就是把猪肝加适量猪肉皮和料酒灌入猪肚。今天山东的名特小吃郓城王屯灌肚，则是另辟蹊径，羊肚内装入羊肉和20多种药材，经老汤慢熬而成，相传可以追溯到明代正统年间。

至于用猪肚还是猪小肚，往里装肉还是药材，全凭个人喜好和需求，这实在是一道易学好做的菜。

《食宪鸿秘》记载了灌肚的做法：

猪肚及小肠治净。用晒干香蕈磨粉，拌小肠，装入肚内，缝口。入肉汁内煮极烂。又：肚内入莲肉、百合、白糯米，亦佳。薏米有心，硬，次之。

显然，朱彝尊记录的灌肚是用猪大肚，也就是猪的胃。不过大小肚功效近似，做法也没有区别，只是小肚更好操作一些。然而小肚也更难买一些，卤菜店几乎家家有卤小肚，肉店里却鲜见鲜小肚卖，想来都给卤菜店收走了。

《食宪鸿秘》记录的第一种灌肠的做法是荤上加荤，原材料不易得，相比之下第二种做法更简单，只需将糯米、莲子、百合等用清水泡过，再装进大小肚里煨煮就行。我妈妈做的就是加糯米、红枣和枸杞，有时还往里加黑豆、苡仁之类。从养生的角度来说，显然后一种更佳。曹雪芹说贾宝玉“无故寻愁觅恨，有时似傻如狂；纵然生得好皮囊，腹内原来草莽”，想这灌肚却是不起眼的皮囊，腹内却全是精华。

有一次听一位云南的朋友讲，他在茶马古道上的家乡，那里的彝人们也会做灌猪肚。一头猪仅有一个肚，因此十冬腊月杀猪，他们都不会吃猪肚，而是做成灌肚，以便在贵客临门时盛情款待。他们的做法接近《食宪鸿秘》的第一种做法，是将肥肉和瘦肉搭配，切成条或小块，拌入食盐、花椒、姜、葱、茴香籽面、八角、草果、辣椒面等香料，最后一同灌入猪肚里，再把灌猪肚高高挂在避阳而通风的地方，食用时取下煨熟切片。这种做法类似风肉、腊肉，吃起来香而不腻，温润柔软。

这位朋友的一句话打动了我，他说：“在彝家，能吃到灌肚是客人的荣耀。做好的灌肚不轻易食用，往往高挂在房梁上，只有贵客来了才煮食，表达的是主人对来客的牵肠挂肚之情。”

我突然想到，我怀孕的日子里，妈妈辛辛苦苦做了糯米灌小肚给我送来，她要跑多少肉店肉摊才能买到那么多新鲜的小肚啊，又要花多少工夫把糯米一颗颗灌进去，又慢慢煨熟啊……对她生下的女儿和女儿即将生下的孩子，她是怎样地牵肠挂肚啊？那一刻，我决定好好学这道菜，我知道它里面装的都是对身体有益的精华，更有浓浓的爱。

主料

猪小肚	4只
糯米	100g

1 猪小肚

即猪膀胱、猪尿脬、猪脬子，可以做成食品，也可入药，具有清热利湿、益脾补肾等功效。

2 糯米

糯稻脱壳的米，是制造黏性小吃、酿造醪糟的主要原料。营养丰富，为温补强壮的食品。

配料

黑豆	50g
枸杞	2g
酱油	5g
姜片	3g
白糖	1g

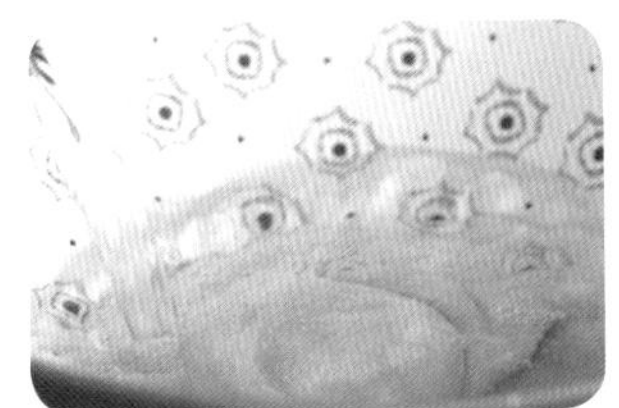

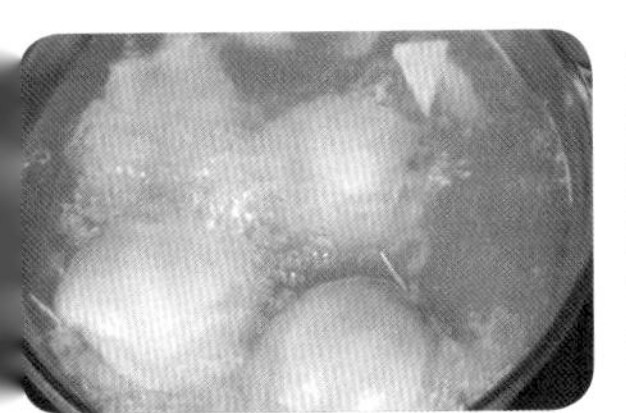

1	2
3	4
5	6

步骤

1. 糯米、黑豆、枸杞用清水浸泡 1 个小时。
2. 用盐将猪小肚正反面搓洗干净，在清水中浸泡片刻后捞出。
3. 将白糖、酱油倒入糯米、黑豆、枸杞中充分拌匀，静置 10 分钟。
4. 静置后的糯米等用勺子灌入小肚，然后用牙签将开口处别好。
5. 锅中倒水，煮开后放入姜片、猪小肚煨煮。
6. 猪小肚煨煮至筷子能穿透时捞出，随吃随切。

牲单 No.4

荷叶粉蒸肉

五花肉的诗和远方

读《红楼梦》，李商隐的一句“留得残荷听雨声”打动了黛玉，也打动了书外的我们。荷花与莲叶，在中国传统文化里有特定的符号意义，不过在美食家心里，更是一种清雅的存在。相比黛玉和小伙伴们讨论的残败荷田，我对那碗荷叶汤更垂涎。

《红楼梦》第三十五回“白玉钏亲尝莲叶羹，黄金莺巧结梅花络”里，宝玉因金钏之死和蒋玉涵送汗巾子一事被父亲打个半死，稍好些时薛姨妈一众人去看他，问他想要些什么。

宝玉笑道：“我想起来，自然和姨娘要去。”王夫人又问：“你想什么吃？回来好给你送来的。”宝玉笑道：“倒也不想什么吃，倒是那一回做的那小荷叶儿小莲蓬儿的汤还好些。”凤姐一旁笑道：“听听，口味不算高贵，只是太磨牙了。巴巴的想这个吃了。”贾母便一叠声的叫：“做去！”

通过凤姐的口，我们得知这个荷叶汤可不简单，“不知弄些什么面”，用豆子大小的菊花、梅花、莲蓬、菱角等三十四种花样的银模子，印出模来，“借点荷叶的清香，全仗着好汤”，当下她吩咐厨房拿几只鸡，另加些东西做出十碗汤。所以严格说来这荷叶汤其实是鸡汤浇在小面团上，荷叶只是添清香，中和鸡汤的油腻。听起来风雅，到底烦琐，连凤姐都说家常不大做，要蹭着也吃一碗。其实，荷叶与肉食的最佳搭配，还是要数荷叶粉蒸肉。

《随园食单·特牲单》详细记述了粉蒸肉的做法：

“用精肥参半之肉，炒米粉黄色，拌面酱蒸之，下用白菜作垫。熟时不但肉美，菜亦美。以不见水，故味独全。”

全国各地皆有粉蒸肉，做法大同小异，米粉必不可少，差别在于口味和所垫的材料。袁枚特别指出，这是“江西人菜”。他的记载里并没有荷叶，荷叶粉蒸肉要到他身后多年的清末才声名鹊起，并在民国时期盛行。据传地道的荷叶粉蒸肉中的荷叶必须取自“西湖十景”之一的杭州苏堤北端“曲院风荷”里生长的荷叶，并现采、现包、现蒸，这样食肉的鄙陋和高洁的精神境界，才能配合得天衣无缝。

张爱玲喜欢粉蒸肉，她曾经把广东女人比作糖醋排骨，把上海女人比作粉蒸肉。在小说《心经》里，她写道：“许太太对老妈子说，开饭吧，就我和小姐两个人，桌子上的荷叶粉蒸肉用不着给老父留着了，我们先吃。”

因为晚生许多年，张小姐比袁枚有口福呢。

我做粉蒸肉通常用五花三线肉，有肥有瘦，蒸出来的肉才肥而不腻，香糯酥软。袁枚的粉蒸肉用白菜打底，我做的是传统的川式粉蒸肉，用红薯做底，嫩胡豆出来时用其做底也十分美味。只是很少尝试用荷叶来包。我想，用荷叶包肉，和老一辈在蒸屉里放松针是一个道理，无非是让肉添一些清香，做法简单，在荷叶易得的夏天倒可以一试。

食材

主料		配料	
五花肉	300g	川味辣椒香料	约50g
香米	300g	盐	1g
荷叶	1张	胡椒粉	1g
		料酒	2g
		酱油	2g

1 五花肉

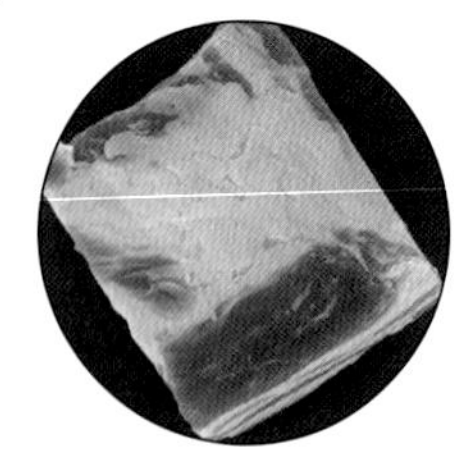

又称肋条肉、三层肉，位于猪的腹部，肥肉、瘦肉红白分明，色鲜艳，最嫩且最多汁。

2 香米

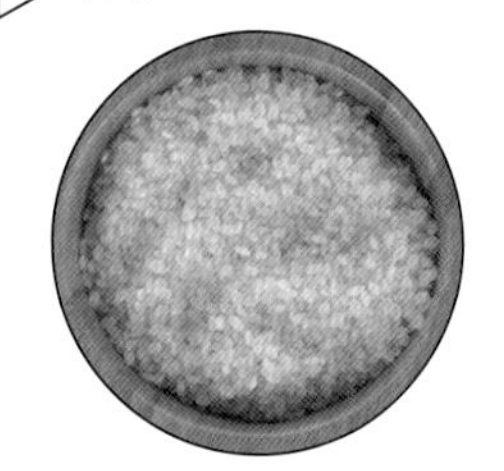

又名香禾米、香稻，营养价值高，是补充营养素的基础食物。

3 荷叶

睡莲科植物莲的干燥叶。较光滑。质脆，易破碎。稍有清香气，味微苦。

1	2
3	4
5	6

步骤

1. 五花肉切成片。
2. 在切好的五花肉里撒入盐、胡椒粉、酱油、料酒，搅拌腌制，让肉充分入味。
3. 热锅，倒入川味辣椒香料、香米，炒至香米变成金黄色，取出并研磨成粉。
4. 将腌好的五花肉、香米粉末一起混合拌好，包入荷叶内，入锅蒸。
5. 先大火蒸 10 分钟，再改至中火蒸 30 分钟左右。
6. 蒸好后取出，割开荷叶即可。

牲单 No.5

火腿炖猪手

当火腿遇见鲜腿

火腿可能是中国传统菜式中被运用最多的食材了。它可单独成菜，更常见的是被用作配菜以提味增香。

《红楼梦》里出现的火腿菜有十几种，如火腿鲜笋汤、火腿白菜汤、火腿炖肘子等。《随园食单》中，也有火腿煨肉、笋煨火肉、黄芽菜煨火腿、蜜火腿等。可以说，自有火腿起，它就成了鼎食之家的厨房必备食材，几乎可以吃上经年，几乎可以和任何菜搭配。其中火腿炖肘子将火腿和鲜肘巧妙搭配，咸鲜软糯，香气浓郁，营养丰富，很适合老人和体弱的人食用。

《红楼梦》第十六回“贾元春才选凤藻宫，秦鲸卿夭逝黄泉路”中，贾琏护送黛玉回苏州奔丧回来，正值中午饭点，见过众人后，小两口在房里小酌用餐。正吃着，贾琏的乳母赵嬷嬷来了。

贾琏、凤姐忙让吃酒，令其上炕去，赵嬷嬷执意不肯。平儿等早于炕沿设一杌，又有小脚踏，赵嬷嬷在脚踏上坐了。贾琏向桌上拣两盘肴馔，与他放在杌上吃。凤姐又道：“妈妈狠嚼不动那个，没的倒硌了他的牙。”因向平儿道：“早起我说那一碗火腿肘子狠烂，正好给妈妈吃，你怎么不拿了去，赶着叫他们热来？”

想来这道菜应该是凤姐经常吃的菜，不然不会说端就能端出来的。凤姐的美丽，连贾琏也得承认，“人人都说我家母夜叉齐整”，凤姐像鸟爱护羽毛一样爱惜容颜是一定的，这道菜富含满满的胶原蛋白，爱美的她自然常吃。加之比起大观园的姐妹来，在吃穿用度上她又多了很多自由，她不喜欢、觉得不好的，哪能到得了她的眼前。

这道用材普通的菜其实一点也不普通，是清代名菜。它还有个名字叫金银蹄，因成品火腿金黄、猪肘银白而得名。这道菜也叫煨火肘，做法简单，要紧的是火工，文火久炖，直到口感酥烂。《北砚食单》上说：

“煨火肘：火腿膝湾配鲜膝湾，各三副同煨，烧亦可。”又说：“金银蹄：醉蹄尖配火腿煨。”

指的都是火腿炖肘子，只是数量和外形的差别。

火腿入菜历史久远，古籍中的火腿名菜多指金华火腿。火腿最早出现在唐开元年间陈藏器的《本草拾遗》：“火馔，产金华者佳。”民间传说则始于宋代。相传，南宋抗金名将宗泽每回家乡，都要买些猪肉腌制风干，离开时带上作为军需食品，其中腌猪腿因肉色红如火，鲜艳夺目，便被称为“火腿”，宗泽也成了火腿制造业的祖师爷。过去浙江金华很多火腿店和腌制作坊还供奉着他的画像。

和金华火腿齐名的有江苏的如皋火腿，又称北腿；云南的宣威火腿，又称云腿。虽然曹雪芹没写贾府用的哪种火腿，想来大抵是在清代被列为贡品的金华火腿。凤姐曾在库房发现存了几十年不用的贡品纱，穿的衣衫也多是贡品面料，吃的当然不在话下。

这道菜很好驾驭，对厨艺要求不高，配料也不讲究，不必加其他配料就足够鲜美，而且营养丰富，实该成为家常菜，尤其适合爱美的主妇和有老人、小孩的家庭。

和曹雪芹同时代的医学大家赵学敏在乾隆三十年编撰的《本草纲目拾遗》里记载，火腿有益肾、养胃、生津、壮阳、固骨髓、健足力等功能。猪蹄中丰富的胶原蛋白对人体的骨骼、肌腱生长都有益处，还能促进皮肤细胞吸收和贮存水分，防止皮肤干涩起皱，是绝佳的养颜圣品。

火腿和鲜腿同煨，既有火腿的咸鲜，又有鲜腿的糯滑，病弱之人食之能增进食欲，同时得到滋补，一举两得。凤姐性格要强，但身体并不好，经常失眠，这道菜确实很适合她经常食用。

主料

火腿	150g
猪手	200g

1 火腿

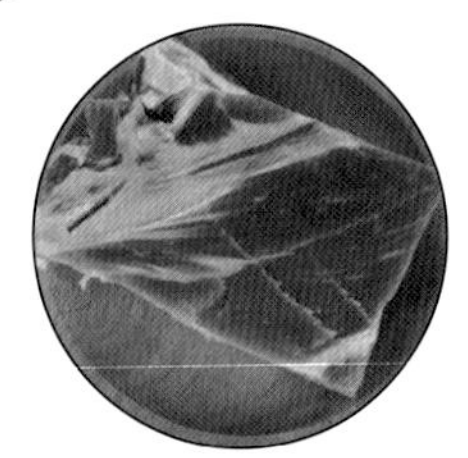

是经过盐渍、烟熏、发酵和干燥处理的腌制动物后腿，色、香、味、形、益五绝。

2 猪手

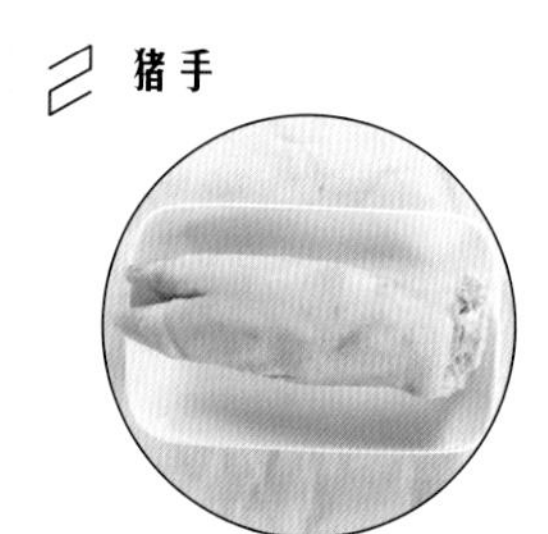

又称猪脚、猪蹄。胶原蛋白质含量高，脂肪含量低，适宜炖、烧、卤。

配料

冬瓜	100g
白萝卜	100g
盐	1g
鸡精	2g
料酒	5g
大葱段	5g
姜片	5g

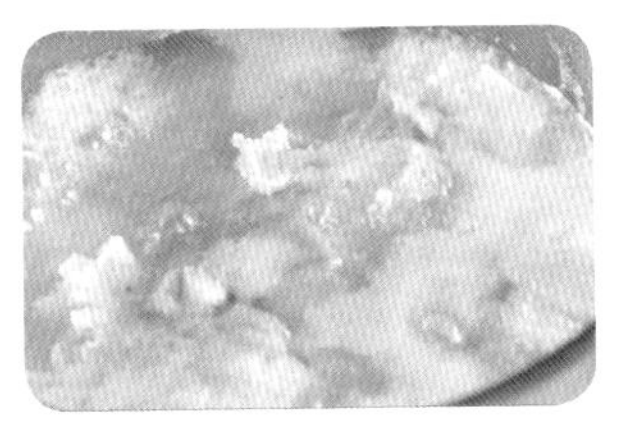
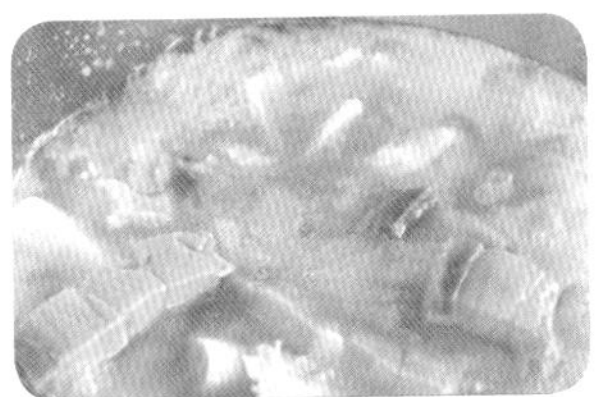

1	2
3	4
5	6

步骤

1. 用勺子把白萝卜、冬瓜舀成球形。
2. 锅内加水，烧开后放入切成块的火腿，煨至七成熟时捞出。
3. 锅中加水，烧开后放入切成块的猪手，大火煮开，再撇去浮沫。
4. 锅中加入葱段、姜片、火腿、鸡精、盐、料酒，加盖煮至七成熟。
5. 锅中放入冬瓜球、白萝卜球，煮 8 分钟。
6. 煮好后盛出装盘即可。

牲单 No.6

荔枝肉

贵妃的乡愁

我们都知道，很多菜其实名不符实，比如夫妻肺片里哪有“夫妻”，虎皮青椒里没有“老虎皮”，麻婆豆腐里也没有“老太婆”，老婆饼里更不会有“老婆”……荔枝肉里，当然也没有荔枝。

荔枝肉这个菜名，是在《随园食单》里看到的，菜里虽然没有荔枝，却跟荔枝大有关系。

“一骑红尘妃子笑，无人知是荔枝来”，笑的是倾国丽人杨贵妃。荔枝肉跟她却没关系，反倒跟她的对头梅妃有关。

传说唐玄宗专宠杨贵妃之前是专宠梅妃的，专宠了差不多十九年。这个女人确实也值得被宠。她叫江采苹，福建莆田人，家境优渥，自小聪明伶俐，琴棋书画无所不能，是福建首屈一指的女诗人。才女偏偏容貌美丽，身段出众，舞艺高强，后来入宫后常为皇帝跳《惊鸿舞》。及笄之年，适逢唐玄宗的宠妃萧淑妃去世，高力士发现了江姑娘，赶紧献给玄宗，果然排解了皇上的丧妃之痛，赐号梅妃。

梅妃从南方到北地，难免会思乡。到了仲夏荔枝成熟的季节，想起在家乡和姐妹们采荔枝的情景，忍不住潸然泪下，茶饭不思。从老家跟来的随侍人员中有一位厨师蒋老头，他看着梅妃长大，自然了解梅妃的心思。于是，老头做了道菜，端到梅妃面前，忧伤的美人一看，这不是家乡的荔枝吗？搛一个尝，脆而不腻，入口即化，酸酸甜甜，连口感都很像呢。梅妃破涕为笑，胃口大开。自此，这道菜就成了她的保留菜肴。

十九年后，美人正当盛年，丈夫却已花甲，且迷恋上了杨玉环。被冷落的前宠妃独居在上阳宫里，多少难挨的日子，幸亏有那一道秘制菜肴给她慰藉。传说“安史之乱”后梅妃投井，托梦给老家厨子，这道菜才得以流传。

传说很动人，不过荔枝肉真实的历史只有两三百年，是始于清代的闽菜。大概正因为它的起源地是梅妃的故乡，才杜撰出这样一个凄美的故事吧。

查看荔枝肉的做法，不由得大跌眼镜，这不就是糖醋里脊嘛！当然，我们平常吃的糖醋里脊虽有色香味，但通常没有荔枝的形。话说回来，《随园食单》里的荔枝肉有荔枝皮的外形，却看不出有今天的福建荔枝肉那样的颜色和酸甜味道：

用肉切大骨牌片，放白水煮二三十滚，撩起；熬菜油半斤，将肉放入炮透，撩起，用冷水一激，肉皱，撩起；放入锅内，用酒半斤，清酱一小杯，水半斤，煮烂。

今天的福建名菜荔枝肉，做法和袁枚所记有异，是必须用十字刀切肉，下锅炸，糖醋、红糟上色，搭以马蹄、土豆等杂菜，色泽更加诱人一些，味道也大不相同。《随园食单》的做法更简单一些，直接将肉切大块，水煮之后用菜油炸，之后再用酒和酱油烧，不用番茄酱着色，也不加糖，想来只是外形似荔枝吧，而且是那种皮壳偏黑的品种。

如此看来，袁枚这个大美食家也有错过的美味呢。

而同为荔枝肉，也有福州荔枝肉和莆田荔枝肉之分。福州荔枝肉更注重浇汁，福建醪糟是必不可少的；梅妃故里的莆田荔枝则是干炸荔枝肉，更注重肉味本身，炸之前要腌制十三四个小时，炸好须趁热蘸酱油和醋吃。

就下饭来说，酸酸甜甜的福州荔枝肉更胜一筹，且其健脾开胃、滋阴补血，很适合消化不良的人，妈妈们可以多做给宝贝吃。

主料

猪肉	300g
梨	100g

1 猪肉

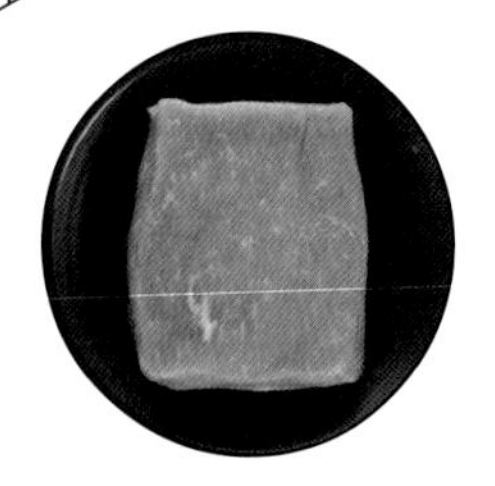

人们餐桌上重要的动物性食品之一。含有丰富的蛋白质及钙、铁、磷等，具有补虚强身、滋阴润燥等作用。

2 梨

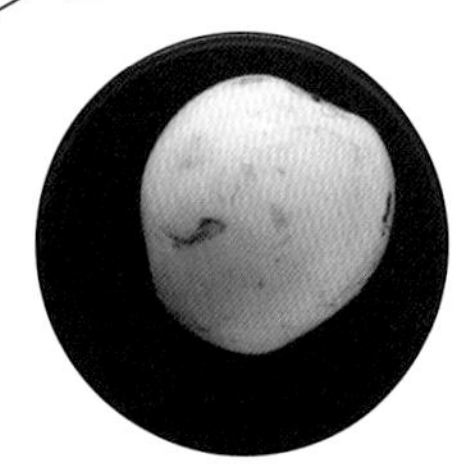

梨鲜嫩多汁，口味甘甜，核味微酸，性凉，既可食用，又可入药，为“百果之宗”。

配料

盐	2g
白胡椒粉	2g
料酒	10g
醪糟	10g
生粉	20g
番茄酱	50g
大葱	1根
醋	5g
白糖	1g

1. 将猪肉切成 0.5 厘米左右厚的片，再切出细十字花刀。
2. 梨去掉核、皮，再切成小块。
3. 大葱切成 1 厘米左右的小段。
4. 猪肉中加入盐、白胡椒粉、料酒拌匀，腌制 30 分钟。
5. 腌制后的猪肉用生粉裹好。
6. 锅中倒油，烧至八成热，放入猪肉炸至酥脆后捞起。
7. 锅中倒油，放入葱段、梨翻炒，加入番茄酱、醪糟、白糖、醋、盐继续翻炒。
8. 倒入炸过的猪肉翻炒至裹上酱汁，最后加入生粉调成的芡汁翻炒均匀即可。

牲单 No.7

套肠

肠子的另一种可能

读过恰克·帕拉尼克的《肠子》之后，很长一段时间都不想吃香肠热狗之类的东西。有次在云南，在一个不起眼的小店中吃到一道奇怪的菜，据说是猪肠套猪肠做出来的，但我完全吃不出来，甚至连那种联想感都没有。原来肠子还有这种奇怪的吃法，从那以后对肠子的看法大为改观。

说起来这道菜历史非常悠久，据说在福建莆田已有上千年的历史。如今莆田套肠还是一道有名的地方小吃；江苏也有无锡筒肠，因熟后切成圆筒状而得名；云南的是黎里套肠，做法差不多，差别在于卤料。

我想做一种最接近古味，也最简单的套肠，因此参照了《食宪鸿秘》的做法：

猪小肠肥美者，治净，用两条套为一条，入肉汁煮熟。斜切寸断，伴以鲜笋、香蕈汁汤煮供，风味绝佳，以香蕈汁多为妙。煮熟，腊酒糟糟用，亦妙。

看起来朱彝尊记录的是鲜笋、菇类和肉同煮的凉菜。今天的莆田套肠、无锡筒肠等都是红亮的卤菜，要加八角、桂皮等香料，色香味胜白煮套肠一筹。不过朱先生的这种做法自有高明的地方。

套肠，简言之就是把小肠的一端往另一端塞，像小狗咬尾巴一样，也可以将两根肠子互相套，反正要套到里面没有空间且拉不动为止。套好的生肠，下沸水汆几分钟去腥，清洗干净，之后就是美妙的卤煮过程了。

因为想做最正宗的朱氏套肠，汤汁里没加八角、桂皮等香料，老老实实学朱彝尊，用之前熬的骨头汤和鸡汤，加进盐、料酒、姜片、蘑菇、香菇，没有鲜笋，象征性地加了几片干笋。小火慢炖，香味慢慢出来，跟卤味相比，是另一种鲜美。

相比红亮的卤套肠，白糯的鲜汁套肠别有风味。遗憾的是这一次形状不大好看，据说套得好的套肠横切像藕片，也像金钱片，所以有团团圆圆、天长地久的寓意，一度是祈福的贡品。我得说，朱氏所做的套肠可吃肠喝汤，一点都不浪费，这就是白煮套肠比卤套肠高明的地方。

不仅中国人把肠套着吃，远在欧洲的人也这样吃，不过他们不是卤着吃，而是将肠子套肠子后——据说要套到20层到25层——放到壁炉上熏烤。最有名的是法国布列塔尼地区的烤肠。相传布列塔尼的冬天异常阴冷，人们经常穿十几双袜子，袜子套袜子。有个叫约瑟夫·基迪的农夫由此产生灵感，发明了肠子套肠子的熏肠。据说他每制作一根香肠，就需要用盐水腌制三头猪的肠子，这些肠子的总重量多达3公斤，然后用橡木火熏烤、风干，耗时好几个月，最后才用老汤慢火烹饪出锅。

能把猪下水吃出花样来的人，真的是超有耐心的人，也值得拥有漫长的等待后得尝的难以言说的美味。

很想知道在中国，第一个做肠子套肠子的人是谁，灵感又来自一个什么事件。

主料

猪小肠　　1副

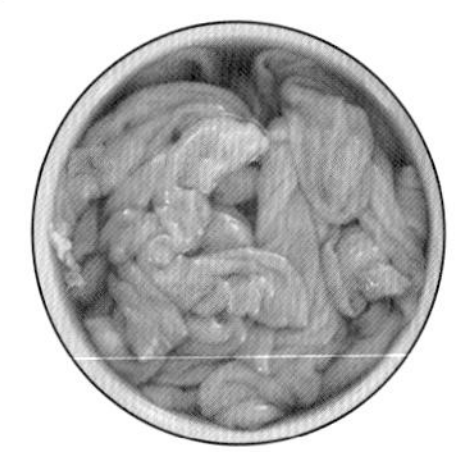

乳白色，肠体柔软有韧性。营养丰富，可以熘、炒、煲等。

配料

盐	2g
料酒	10g
桂皮	1片
八角	3个
香叶	5片
面粉	10g
酱油	5g
白糖	2g
白醋	10g
姜片	5g

1. 用盐、白醋、面粉将猪小肠外表面搓洗干净，然后用清水洗净，剪成80厘米左右长的段。
2. 用筷子将猪小肠翻过来反复搓洗。
3. 把筷子插进小肠，不要全部插没，然后顶着肠壁插进另一头。另一只手一直往下撸，直到撸不下，然后一手捏着一端，拔去筷子，在口上插上牙签固定。
4. 锅中倒入清水，水开后放入套肠，焯水5分钟后取出。
5. 另起锅，锅中倒入清水，放入香叶、八角、桂皮、白糖、料酒、酱油、姜片，大火烧开，放入套肠，转小火慢煮90分钟左右。
6. 煮熟的套肠取出，拔掉牙签，装盘即可。

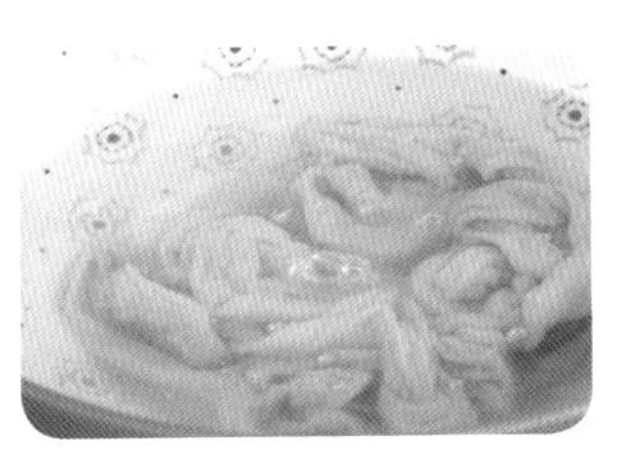
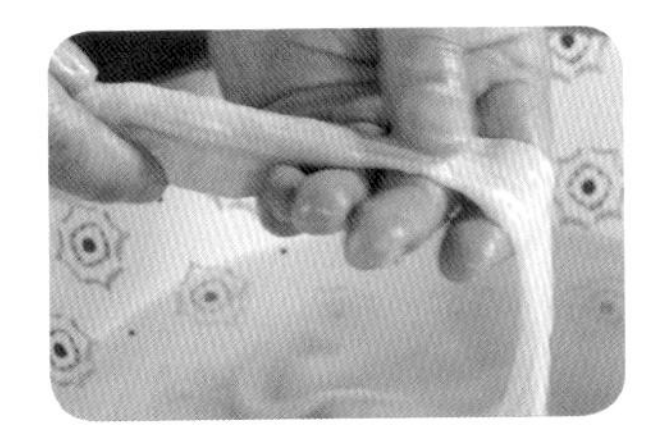

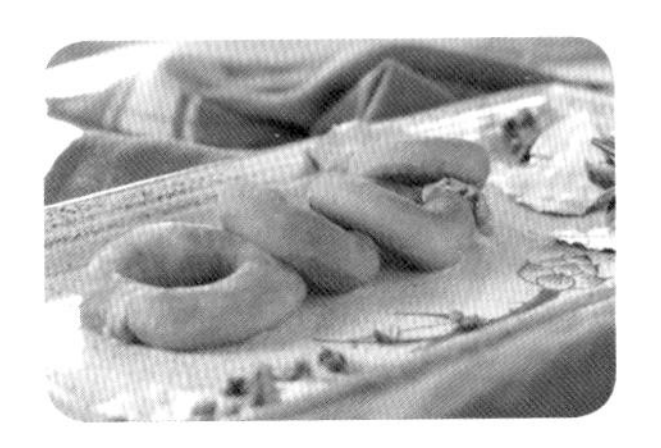

1	2	3
4	5	6

牲单 No.8

夏月冻蹄膏

清新的夏日小食

有段时间我熬夜比较多，皮肤黯黄松弛，像苍老了十岁。为了补救，我赶紧买了两只猪蹄来炖，经常下厨的人都知道这是最廉价、有效的护肤食材。不过炖猪蹄吃多了腻，便学会了做猪蹄冻。

猪蹄冻，顾名思义就是把猪蹄做成果冻一样的胶质状，切片切丝拌调料吃。这种烹制方法最早见于北魏贾思勰《齐民要术》卷九，称为“犬法”：将狗肉加调料煮烂，直至骨肉分离，然后加鸡蛋拌和，再将肉、蛋用布裹起来蒸，蒸透取出，用石头压起，过一夜，再切片食用。如今闻名遐迩的镇江传统名产镇江肴肉仍然采用这种“犬法”制作，只是要使用硝。

猪蹄冻当然不用又蒸又压那么麻烦，只需要熬煮而已。当然，如果想要做出的冻更加纯净，则骨头要尽量挑干净，煮的过程中要尽量捞干净瘦肉和浮油，留下来的就是纯纯的胶原蛋白啦。

我往猪蹄冻里加过海带、黄豆、花生和其他的东西，不过最好吃的却是石花菜猪蹄冻。这样的搭配很少人做，殊不知这可是一道传统名菜！它的学名叫夏月冻蹄膏，在江南曾经很盛行，现在已经很少有人做了。主妇们真该从古籍中把这一类名菜挑出来，既饱口福，又养皮肤。

《食宪鸿秘》记载着夏月冻蹄膏的做法，很简单。后来的《调鼎集》和顾仲的《养小录》也沿用《食宪鸿秘》的记载：

猪蹄治净，煮熟，去骨，细切。加化就石花一二杯，入香料，再煮烂。入小口瓶内，油纸包扎，挂井内，隔宿破瓶取用。

显然，这道菜还是以猪蹄为主。其实，石花菜还可以单独成冻，是种很奇妙的食材。

我们生活在内陆的人很少听说这种菜，我也是在干货店买的石花干菜。它其实是红藻的一种，长在海里中潮或低潮带的岩石上，含有丰富的矿物质和多种维生素，钙和锌的含量尤其高，但是蛋白质和脂肪的含量很少，常吃也不必担心发胖。石花菜所含的褐藻酸盐类物质具有降压作用，所含的淀粉类的硫酸酯为多糖类物质，具有降脂功能，对高血压、高血脂有一定的防治作用。

最有趣的是它融化之后像琼脂一样，本身就是一道名小吃，如青岛的石花凉粉。沿海一带民间都有将石花菜制成凉粉食用的传统，这种凉粉形态颤硬而富有弹性，呈半透明的乳白色，食用起来清凉爽口，尤其是炎热的夏天，可解暑清火，增进食欲。

猪蹄冻里加入石花菜制成冻，色泽更加透明，如水晶般晶莹。当琼脂和猪蹄蛋白融为一体时，糯滑加倍，营养加倍，当真是女性养颜常备小食。

因为“夏月冻蹄膏”是一道夏菜，古时没有冰箱，只能挂在井里冷却和防腐，所以书中也注明了：“北方有冰可用，不必挂井内”。

主料

猪蹄	1只
石花菜	100g

1 猪蹄

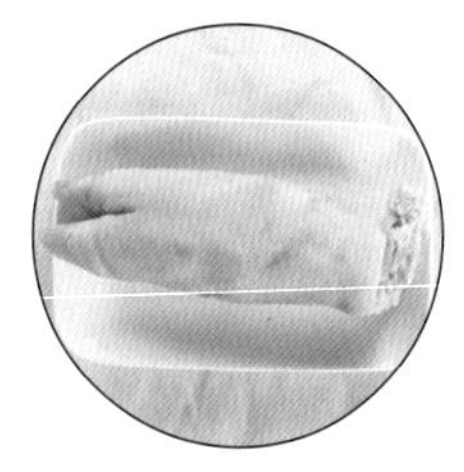

又称猪脚、猪手。胶原蛋白质含量高，脂肪含量低，适宜炖、烧、卤。

2 石花菜

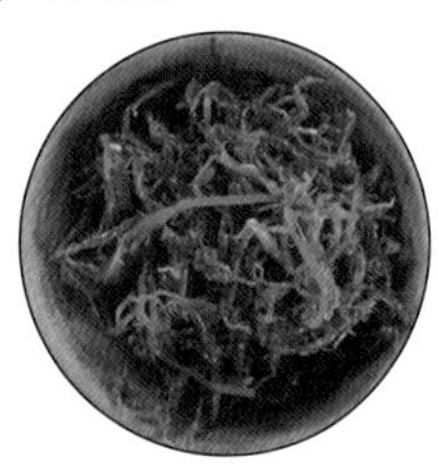

又名海冻菜。通体透明，口感爽利脆嫩，既可拌凉菜，又能制成凉粉，还是提炼琼脂的主要原料。

配料

盐	1g
白糖	1g

1. 猪蹄洗净后氽水。
2. 将氽水后的猪蹄入锅炖煮至软烂，取出。
3. 猪蹄剔除骨头并切碎。
4. 切碎的猪蹄和石花菜同煮，加入盐、白糖，熬制成浓汁。
5. 盛盆，入冰箱冷却成果冻般的晶体。
6. 食用时取出，切片，视个人口味拌入佐料即可。

牲单 No.9

羊羹

冬天里要有这碗汤

去日本旅行时，吃到一种叫羊羹的食物。然而这种羊羹里根本没有羊肉，是一种像果冻一样的茶点。之所以叫羊羹，相传是因为中国的羊羹传入日本，在镰仓时代成为僧侣们的食物，僧侣戒荤，故用豆类替代真正的羊羹，只保留了羊羹的形。这里的羊羹，是羊肉煮成的羹汤冷却之后的佐餐小食，确切地说应该叫羊肉冻。

所以最初羊羹里是有羊肉的，也不是固体的，而是羊肉浓汤。在我国，牛羊入馔历史悠久，《诗经》中有“朋酒斯飨，曰杀羔羊”之语，羊羹至少有两千年历史。“美”字源于羊大，“羹”字也活脱脱地证明了它就是美味羊汤。为这绝世美味羊羹，历史上还发生过战争。

春秋时期，宋文公四年，郑国攻打宋国。文公派他的同族兄弟华元出征。《史记·三十世家·宋微子世家》载：“华元之将战，杀羊以食士，其御羊羹不及，故怨，驰入郑军，故宋师败，得囚华元。”这一次，因为羊羹不够，华元的马车夫很气愤，直接把车开进了郑军，导致华元被囚，宋军惨败。

无独有偶，《战国策·中山策》记载：“中山君飨都士大夫，司马子期在焉。羊羹不遍，司马子期怒而走于楚，说楚王伐中山。”说的是中山君请城里的士大夫们吃大餐，大概羊羹做得不够，司马子期没分到。司马子期看别人吃得香，馋虫上脑，怒走楚国，说服楚王攻打中山。中山君因一杯羊羹亡了国。

那个时候，一杯羊羹绝对不只是一杯羊羹，因其美味，西周时被列为国王、诸侯的“礼馔”，因此出征犒赏都会烹煮羊羹。它根本就是脸面啊。羊羹事小，面子事大，引发战争也就不足为奇了。

也有人因羊羹平步青云。《南史》记载了北魏名将毛修之的故事。毛是名门之后，本是东晋将领，不幸先后成为夏国、北魏的俘虏，苟且偷生。此时他已年过半百，本以为人生就这样了，没想到一手烹煮羊汤的好厨艺，让他走了捷径，被北魏太武帝钦点为大官令，而且一生都得国君欢心。

“美”字之所以从羊，的确是劳动人民的亲身经验啊。历代雅士留下了不少与羊汤相关的诗句，大吃货苏轼也有“陇馔有熊腊，秦烹唯羊羹”的诗句。但他穷，有时太馋羊肉，便把人家剔剩的羊骨搬回家，用作料腌了放在火上慢烤，用竹签挑出骨缝的肉慢慢品尝，戏称是吃蟹肉。他给弟弟的信中说，抢了别人的骨头，“则众狗不悦矣”。潦倒中的达观典雅固然动人，却也令人酸楚。

相比之下同样爱吃的袁枚从不缺羊，《随园食单》杂牲单里甚至有个“羊”专题，羊羹做法如此记载：

取熟羊肉斩小块，如骰子大。鸡汤煨，加笋丁、香蕈丁、山药丁同煨。

真是简单的笨人料理，就是将羊肉放到鸡汤里，加笋丁、菌类、山药丁一起炖。直接用熟羊肉，大概是节约煨的时间，另外也不太抢鸡汤和菌类的鲜味。毕竟羊肉本身也是气味极浓的，生羊肉炖鸡汤必然会抢一部分鸡汤味。羊肉性质温热，加入笋丁、山药和香菇类，或寒凉或性平，可以中和羊肉的燥热，同时也去除膻味，解肉的肥腻，还增色提香，让汤变得浓稠，鲜香可口。

羊羹最初想必就是这样简单煨煮而成，后来才慢慢发展出各种风味。相传如今的羊肉泡馍就是由羊羹演变而来，包括日本羊羹的前身羊肉冻也是。

事实上羊肉煨汤成羹更能发挥其营养功效。中医认为羊肉可助元阳，补精血，疗肺虚，益劳损，暖中益胃，温补。医圣张仲景就有一个驱寒良方——当归生姜羊肉汤，治妇女产后大虚极为灵验。《金瓶梅》里，每到冬天西门庆的餐桌上也是少不了羊汤的。这的确是冬天里必备的一碗美味养生汤。

食材

主料		配料	
羊肉	200g	大葱段	5g
茭白	100g	姜片	5g
香菇	30g	盐	1g
山药	100g	花椒	1g
		鸡汤	500mL

1 羊肉

常见肉品之一，肉味较浓，肉质细嫩，有膻味。最适宜于冬季食用。

2 茭白

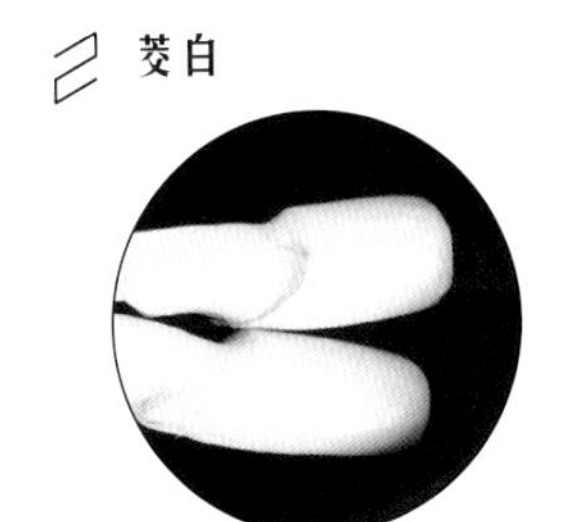

又名菰笋、高笋等，我国特有的水生蔬菜。脆嫩略甘，鲜嫩的茭白既可作蔬菜，又可作水果。

3 香菇

又名香蕈、香菰，味道鲜美，香气沁人，营养丰富，是高蛋白、低脂肪的营养保健食品。

4 山药

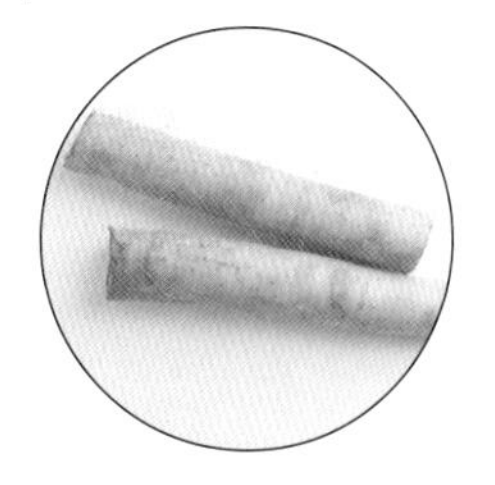

薯蓣科植物薯蓣的干燥根茎。质坚实，断面白色，味淡、微酸。

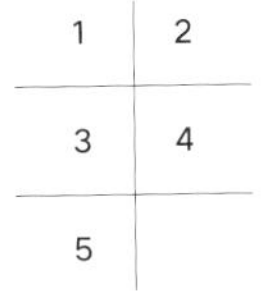

步骤

1. 羊肉切小块。
2. 茭白、山药、香菇切丁。
3. 锅中倒水，煮沸后放入羊肉，煮熟后捞出。
4. 锅中倒入鸡汤，煮开后放入羊肉、葱段、姜片、茭白丁、山药丁、香菇丁、花椒、盐，加盖煮。
5. 煮至羊肉烂熟即可盛出。

羽族单

一个懂得营养搭配的主妇，厨房里当然少不了有羽毛的家伙——鸡和鸭。

中医认为，鸡肉有温中益气、补虚填精、健脾胃、活血脉、强筋骨的功效。我国以鸡入馔的历史极久。战国时，楚怀王听信靳尚等人的谗言，放逐屈原。后来，楚怀王被张仪骗到秦国，身死异国。屈原闻讯后，作《招魂》吊楚王。《招魂》中写了许多楚国的风物，其中说到楚国珍美的食品“露鸡”。“露鸡”，有说是“卤鸡”，即浇卤而食；有说是“烧鸡”，不浇卤而食，众说纷纭，但说明在战国时期鸡的烹制技术已相当高超了。鸡肉含有对人体生长发育有重要作用的磷脂类，是中国人膳食结构中脂肪和磷脂的重要来源之一。

鸭肉也是相当受欢迎的食材。各大菜系中，均有以鸭为主角的代表菜式，比如北京烤鸭、八宝鸭、橙皮鸭等。

鸭子在我国被驯化的历史已经超过三千年，鸭入馔始见于周代《礼记·内则》：“弗食舒凫翠。”凫，鸭之别名。这句话的意思不是不食鸭，而是不食鸭尾臊，其后在《战国策》《齐民要术》《清稗类钞》等古籍中均有鸭馔的记载。鸭肉具有滋阴补虚、清肺火、止热咳之效，比起鸡肉来，适合的人群更广。

鸡、鸭菜式繁多，几乎适用于炖、烧、煮、炒、熘等任意一种做法。我们选取的古法，也是容易上手的做法，如炖、煮、煨、炒，同时配料也是家常的，如炖鸭、蘑菇煨鸡、梨炒鸡，搭配的都是寻常原料。

捶鸡

轻轻地打在你的身上

那是在秋天。霜降已过，早晚微凉，空气里还有些残余的桂花香气。袁枚心情大好，没有坐轿，只带一个随从踱回随园。园里灯光婆娑，花香四溢。他知道他钟爱的这个园子定会名垂青史，但他不在乎，他惦记着刚刚吃进的那顿饭。一回到家，喝了两盅茶，他就命小妾铺纸研墨。小妾急急准备，老丈夫要作诗了！袁枚提笔，沉吟片刻，落笔：

捶鸡，将整鸡捶碎，秋油、酒煮之。南京高南昌太守家，制之最精。

小妾笑了，她知道厨子又要倒霉了，但凡老头在外面吃到什么好吃的，回来总要叫厨子学做。

当我对着捶鸡简单的文字描述想象两百多年前袁枚写下它的场景，也不由得笑了。这个活了八十一岁的美食家一生不知吃了多少古怪好吃的菜，却还是那么津津有味地记下特别喜欢的，尤其不忘记下谁家的做得好，谁家的最好吃。比如焦鸡，他记下了杨中丞家的做法，但又认为“方辅兄家亦好”；关于鸡肉圆，他认为“扬州臧八太爷家，制之最精”；关于茄子，吴小谷广文家是将整个茄子削皮，热水泡过后油炸，卢八太爷家则是把茄子切成小块连皮炸，“是二法者，俱学之而未尽其妙”，以至念念不忘……

这道捶鸡，他只说捶碎，用秋油和酒煮，对于是用整只鸡还是切片或是切丁，只字不提。不过他家厨子也不是吃素的，这还不简单，鸡窝里抓一只嫩鸡捶了煮就是，煮到烂熟切块，但又摆出整只鸡的外形，还别出心裁地放了些葱丝在上面。刁嘴老爷一吃，天啊，比高太守的还好吃啊！厨子心说，这也能难倒我？不就秋油鸡吗？

就这么简单，就是秋油鸡。现在的名字叫酱油鸡，如今也算粤菜里的名菜了。只是袁枚吃的酱油鸡还是要特殊一些，用的是最好的酱油——秋油。

秋油可不是油，而是秋天的酱油。比袁枚晚一百年的名医王士雄在《随息居饮食谱》里说："笃（过滤）油则豆酱为宜，日晒三伏，晴则夜露，深秋第一笃者胜，名秋油，即母油。调和食物，荤素皆宜。"不只是今天很难买到秋油，就是袁枚那个时代，以他天下第一美食家之尊，要吃到上好的秋油也是可遇不可求。因此他总是把秋油挂在嘴上，在《随园食单》里就有很多菜肴要用到秋油，如松菌"单用秋油泡食，亦妙"；鸡脯肉去皮斩成薄片，"秋油拌之，纤粉调之"；山药则"煮烂山药，加秋油、酒、糖，入油煎之，以色红为度"；猪蹄"加酒，加秋油，隔水蒸之，号为神仙肉"……

秋天的酱油如此难得，完全可以搞定一只鸡，至于加酒，自然是为了除腥提味。只不过，越是看起来简单的菜，其实越是考验功夫。秋油鸡难在肉嫩上，因此需要捶。

捶打肉类的方法我们今天也会用，比如煎牛排的时候会把肉捶松，炒猪肉片也会拍一拍肉，就是为了破坏肌肉组织，让肉质松嫩。捶鸡也是为了把鸡肉拍松，越松越嫩，也更容易渗入味汁。捶鸡之难难在要把肉敲打松软，但又不能破坏表皮组织，否则皮开肉绽，没有了糯滑的鸡皮，瘦肉再嫩也不好吃。

因此捶鸡并不好做，宴席上有一道捶鸡绝对是有面子的事。比袁枚晚半个世纪的姚元之在《竹叶亭杂记》中说，有位叫莫清友的"扇痴"，待客热情，家人善制捶鸡，京城有"莫家捶鸡"之称。

食材

主料

鸡肉	500g

1 鸡肉

肉质细嫩，滋味鲜美，适合多种烹调方法，并富有营养，有滋补养生的作用。

配料

酱油	5g
料酒	10g
香油	8g

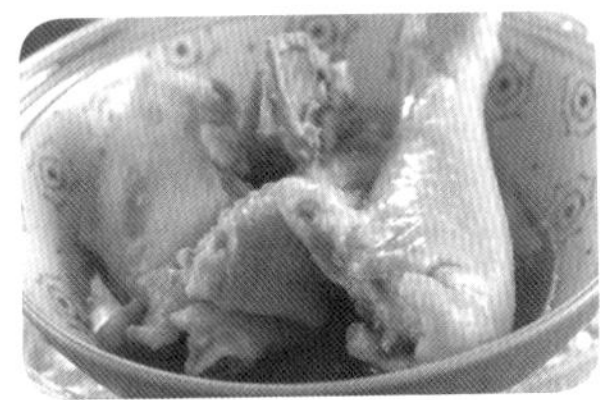

1	2
3	4

步骤

1. 鸡肉洗净切块，用刀背轻轻拍打鸡块，直至肉松。
2. 鸡块洗净，沥干水。
3. 鸡块中加入料酒、酱油、香油，抓匀。
4. 将鸡块放入蒸锅内煨煮至熟。

羽族单 No.2

鸡豆

鸡豆不是豆，是鸡

在《食宪鸿秘》羽单里看到鸡豆的时候，我纳闷豆子怎么跑到羽单里了。仔细一看，吃了一惊，这鸡豆根本不是豆，竟然是一道荤菜，而且要用掉整整一只肥鸡：

肥鸡去骨剁碎，入锅，油炒，烹酒、撒盐、加水后，下豆，加茴香、花椒、桂皮同煮至干。每大鸡一只，豆二升。

鸡是我们熟知的最常食用的禽类了。鸡的吃法种类繁多，国外多为炸、烤，中国菜肴里的吃法则令人眼花缭乱，可以说，中华料理里多达二十多种的烹饪方法，任何一种都适用于鸡的烹饪。如汆、炒、炸、浸、烙、烤、烹、涮、焗、煮、贴、炮、熘、煎、煨、煸、煲、熬、炖、烧、蒸、焖、烩、爆等，各种烹饪方法制作的鸡肴，都是可口的美食。

可以说，鸡在人类烹饪史、饮食史上比其他任何畜、禽都重要，完全融入了人类食文化。史料记载新石器时代人们就已经开始养鸡了，我国西南地区就曾发现一堆八千年前的鸡骨头。因为很早就介入人类的生活，鸡在中国文化里也举足轻重，古人赋予了鸡文、武、勇、仁、信五德。头上戴着冠，是“文”；脚上有供打斗用的爪，是“武”；好斗算是“勇”；有吃的，大家奔走相告，“仁”也；雄鸡还能准时报晓，不失“信”。文化典籍、民间俗谚中都有鸡的踪迹，《诗经·郑风》有“女曰鸡鸣”，《诗经·齐风》有“鸡鸣”等章；成语“鸡犬升天”寓意沾光，用“鸡犬不宁”形容祸事当头的混乱；陶渊明心中的桃花源，也是“鸡犬相闻”的……

古人崇尚药食同工，《本草纲目》认为鸡浑身是宝，甚至鸡屎都可入药，详细介绍了白雄鸡、乌雄鸡、乌骨鸡、黄雌鸡等不同种类鸡的味性疗效，如雄鸡甘、微温、无毒，乌骨鸡甘、平、无毒，黄雌鸡肉甘、酸、温、平、无毒……还介绍了大量的鸡肉食疗方。

现代营养学认为鸡肉含丰富的蛋白质，其脂肪中所含的不饱和脂肪酸是老年人和心血管疾病患者必需的脂肪酸，对体质虚弱、病后或产后进补也非常适宜。而人们通常认为最能保证鸡中营养不流失的烹饪方法是蒸和炖，日常食用常用的其他方法不外乎炒、烧、熘、炸、烤等，鸡肉形状不外乎整只、块、丝、片、丁。

像《食宪鸿秘》里鸡豆这样将鸡切成鸡肉丁，又和差不多大小的豆子同煮菜品是非常少见的。

鸡肉去骨，切碎成丁，油炒之后加茴香、花椒、桂皮等香料和大豆同煮，直到水干，完全是一道干烧大豆鸡肉丁，又或者像鸡肉丁卤大豆。

说起来，这道菜算不得酒席上的大菜，因为重点在“豆”，《食宪鸿秘》称“肉豆同”，显然鸡豆、肉豆都更像冷盘下酒菜，喝口小酒，搛两粒鸡肉、豆子，聊点家常，慢慢等着大菜上桌。或者早上喝粥的时候装上一碟，早餐就又有味道又有营养了。鸡肉于鸡豆，差不多算是配料了，就像《红楼梦》中的鸡髓笋、虾丸鸡皮汤、酸笋鸡皮汤、鸡油卷儿等，鸡肉的出现是为了让搭配的素菜更加美味。那道著名的茄鲞的配料，就是鸡脯、鸡汤和鸡爪。

如此珍贵的配料，“小菜”不好吃才怪。

主料

鸡肉	200g
黄豆	80g

1 **鸡肉**

肉质细嫩，滋味鲜美，适合多种烹调方法，并富有营养，有滋补养生的作用。

2 **黄豆**

又称大豆，含有丰富的植物蛋白质，常用来做各种豆制品、榨取豆油、酿造酱油和提取蛋白质。

配料

料酒	5g
盐	2g
小茴香	1g
花椒	1g
桂皮	1g

1 2
3 4

1. 黄豆用水泡软。
2. 鸡肉汆水后切成小块。
3. 锅中倒油，烧热后放入鸡肉略炒，再加入盐、料酒、黄豆、花椒、小茴香、桂皮翻炒。
4. 加入适量清水，大火煮开后转文火煮至黄豆熟烂即可。

羽族单 No.3

梨炒鸡

爱上梨，爱上鸡

买鸡炖汤，最烦恼的是鸡胸肉炖出来非常老，而且无味，经常汤喝完剩几块肉没人吃，只得倒掉。我也曾尝试过把鸡胸肉剔下来炒，总是不得法，炒出来的口感还是老。闲来无事翻《随园食单》，看到一道梨炒鸡，觉得新鲜，我便想着尝试一下。

取雏鸡胸肉切片，先用猪油三两熬熟，炒三四次，加麻油一瓢，纤粉、盐花、姜汁、花椒末各一茶匙，再加雪梨薄片、香蕈小块，炒三四次起锅，盛五寸盘。

它说的是嫩鸡，可买来炖汤的母鸡怎么都有一年吧，这一项已经减分了。它又说鸡肉切片后直接用猪油炒，这个从来没尝试过，因为不勾芡的肉炒出来绝对是老的。我想原汁原味地做一次，因此严格按照食单做，先炒几下，再把调料加进去，最后加梨片和蘑菇丁。梨、肉和蘑菇都是白色，为了好看，我还加了几粒枸杞。

我得说，这道菜做出来后看上去还是让人很有食欲，闻着也香甜，但是肉的口感真的很老，可能因为是老母鸡，也没有勾芡。袁枚在另一种鸡片炒法里，就先用了豆粉。

用鸡脯肉去皮，斩成薄片。用豆粉、麻油、秋油拌之，纤粉调之，鸡蛋清拌。临下锅加酱、瓜、姜、葱花末。须用极旺之火炒。一盘不过四两，火气才透。

这种方法也是我平常炒鸡肉所用的，先用芡粉和作料把肉拌匀，有时也加半个蛋清，让肉更嫩。只是它要将鸡肉去皮，我没弄明白为什么，因为去掉鸡皮只剩净瘦肉的话，鸡肉就没有那么香糯了。

《随园食单》中还介绍了一种鸡丁的炒法，也是不用芡粉。

取鸡脯子，切骰子小块，入滚油炮炒之，用秋油、酒收起；加荸荠丁、笋丁、香蕈丁拌之，汤以黑色为佳。

这是火爆鸡丁，因为肉厚，大火快爆能够保证肉质外脆内嫩。我有时做尖椒鸡也是这样不勾芡，秘诀是油厚、火大。不过我总觉得一般家庭的火力都达不到要求，我除了煎牛排，几乎没有遇到过饭店厨房经常见到的那种炒锅熊熊燃烧的情形。所以我觉得还是先勾芡比较稳妥。

袁枚想必很喜欢吃鸡，因此单是鸡胸肉就记了这么多种炒法，虽然大同小异，倒也为我这种长期为处理鸡胸肉而烦恼的主妇提供了借鉴。这个调皮的老头还为鸡写下一首诗：“养鸡纵鸡食，鸡肥乃烹之。主人计固佳，不可与鸡知。”好在我们烹饪的鸡都是直接买来甚至是宰杀清理后拿回家，不用顾虑鸡知道我们的诡计。

不管哪种方法，都可以加梨炒。袁枚的配料也是荸荠、瓜之类，这些蔬果性偏寒凉，可以中和鸡片、鸡丁油爆的温热，达到寒热平衡的效果。

梨炒鸡清淡香甜，是典型的南方菜肴。梨子润肺止咳，鸡肉益气养血，两者搭配，适合秋冬季节食用，老人、小孩都可经常食用。

云南有道名菜“宝珠梨鸡”，也是梨炒鸡，不过这道菜不用鸡片，而用鸡丁。这个“宝珠梨鸡”有个有趣的传说：相传吴三桂攻打昆明的时候，抗清名将李定国兵败至昆明呈贡一带。驻地附近有一农妇，杀了鸡准备烹饪来慰劳将士，又觉得鸡少，恐不够吃。正好院中梨树果实累累，便摘了十来个，跟鸡一样切成丁炒。这道菜脆嫩香甜，困顿中的将士食罢精神振奋，李定国本人也称赞好吃。因为炒鸡的梨为当地的特产宝珠梨，因此这菜得名宝珠梨鸡。

当然，我们今天用梨片、梨丁来炒鸡肉不是为了让菜显得多，而是让水果的清香和鸡肉融为一体，令整道菜清爽甘脆，富有营养，让胃口不好的人也能食指大动。

主料

鸡胸肉	1块
梨	1个

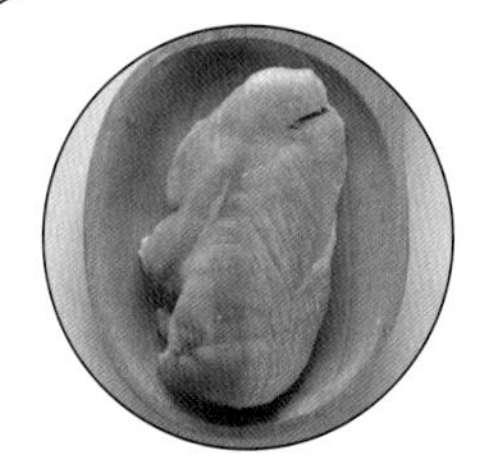

鸡胸前的一块肉，营养丰富，对人体的生长发育有利；还有一定的药用价值。

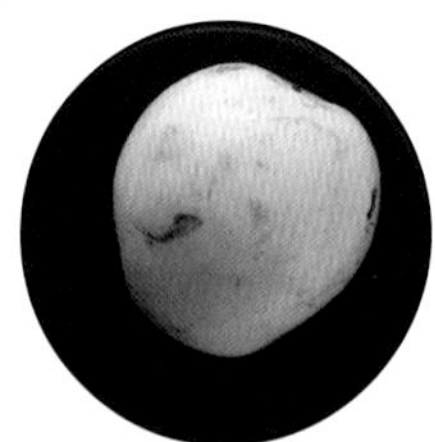

梨鲜嫩多汁，口味甘甜，核味微酸，性凉，既可食用，又可入药，为“百果之宗”。

1 2

3 4

配料

蛋清	20g
盐	1g
白糖	1g
枸杞	5g
生粉	10g

1. 鸡胸肉切条。
2. 鸡肉中加入盐、白糖、蛋清、生粉拌匀。
3. 梨去核、皮后切片。
4. 锅中下油，放入鸡肉炒熟，再加入梨片和枸杞翻炒均匀即可。

羽族单 No.4

蘑菇煨鸡

零失败佳肴

看《随园食单》常常忍不住笑起来。袁枚热爱美食，喜欢记录美食的制作方法，但因为自己是远庖厨的人，记录得总是很简略，也许是他认为有些方法理应众所周知而不必详述。但他对美食似有谦卑之心，每得一秘方便立即记录下来，甚至与之前所记有异的地方也会记下来。“蘑菇煨鸡”便出现了两次。

某一次，他记下：

口蘑菇四两，开水泡去砂，用冷水漂，牙刷擦，再用清水漂四次，用菜油二两炮透，加酒喷。将鸡斩块放锅内，滚去沫，下甜酒、清酱，煨八分功程，下蘑菇，再煨二分功程，加笋、葱、椒起锅，不用水，加冰糖三钱。

他不厌其烦地记下怎么清洗蘑菇，怎么用油炒，怎么把鸡煨至八分熟后下蘑菇，这几乎是一个完整的烹饪食谱。

另一次却简单多了：

鸡肉一斤，甜酒一斤，盐三钱，冰糖四钱，蘑菇用新鲜不霉者，文火煨两枝线香为度。不可用水，先煨鸡八分熟，再下蘑菇。

仔细看，原来并不是两种方法，看上去根本就是一样的烹制程序，只是第二种没加清酱，没加笋、椒等配料，也许只是懒得写。也许是袁枚在记下蘑菇煨鸡的做法后，过了很久突然又吃到一碗特别好吃的蘑菇煨鸡，又兴冲冲地记下来，全然忘了自己曾经记录过。

更可能是虽然同为蘑菇煨鸡，但其实蘑菇是不一样的，前一道是用口蘑菇，后一道是用蘑菇。

蘑菇当然是指白色的圆蘑菇，但不是所有的白圆蘑菇都可以叫口蘑菇。相传口蘑菇是指生长在内蒙古大草原上的蘑菇，一般长在有羊骨或羊粪的地方，集天地草原之精华，鲜美异常，常被作为珍贵菌类运往内地，通常在张家口集散，因此被称为口蘑菇。

可想而知口蘑菇有多珍贵，袁枚的菜单里也只用到四两。可能就是因为蘑菇量太少，才加笋和椒等其他配料。但这么少的口蘑菇就值得袁枚记下来，可见用来煨鸡有多鲜美。大概因为口蘑菇不易得，所以也有用其他地方产的蘑菇替代，甚至有其他种类的菇如香菇之类的替代，便有了第二种“蘑菇煨鸡”。

事实上袁枚生活的江南并不盛产菇类，菌类多作为提鲜的配料而不是作为主菜存在，《食宪鸿秘》中的肉禽屡屡需要“香蕈”提味，《红楼梦》中最著名的茄鲞也缺不了蘑菇：

“把才摘下来的茄子籤皮，只要净肉，切成碎丁子，用鸡油炸了，再用鸡脯子肉并香菌、新笋、蘑菇、五香腐干、各色干果子，俱切成丁子，用鸡汤煨干，将香油一收，外加糟油一拌，盛在瓷罐子里封严，要吃时拿出来，用炒的鸡一拌就是。”

像袁枚所记载的蘑菇煨鸡这样口蘑菇成为第二主料的菜品，在清代并不多见。但第二种方法连蘑菇的数量都没写，只说用新鲜不发霉的，想必人们在摸索的过程中找到了口蘑菇的经济实用的替代品，发现多放蘑菇不仅鸡肉更好吃，蘑菇本身也美味，因此渐渐不再控制蘑菇的数量。

主料

鸡块	300g
蘑菇	4个

1 鸡肉

肉质细嫩，滋味鲜美，适合多种烹调方法，并富有营养，有滋补养生的作用。

2 蘑菇

最常见的食用菌种之一，肉质肥厚，不仅是一种味道鲜美、营养齐全的菇类蔬菜，而且是具有保健作用的健康食品。

不管怎样，菌菇和鸡肉都是好搭档。口蘑又称白蘑菇，富含所需的氨基酸，以及维生素 B_1、维生素 B_2、烟酸、维生素 D 和核苷酸、烟酸、抗坏血酸等，有“素中之王”的美称，常吃对提神、助消化、降血压和预防肿瘤都有益处。蘑菇和鸡肉搭配不仅味美，营养也丰富。

这一对最佳拍档，无论用何种方法做出来的菜品，都几乎是零失败的尝试。按袁枚的加甜酒法也好，川菜中的豆瓣花椒红烧也好，东北小鸡炖蘑菇也好，将二者混在一起烧熟，按个人口味调味，都是一道拿得出手的美馔。

1	2
3	4
5	6
7	8

配料

茭白	2根
醪糟	50g
酱油	8g
青椒	1个
大葱	1根
冰糖	20g

1. 青椒切块。
2. 茭白切块。
3. 蘑菇切块。
4. 大葱切段。
5. 鸡块汆水。
6. 锅中倒油，烧热后放入鸡块、酱油、醪糟、蘑菇、冰糖翻炒。
7. 加入适量水，大火烧开后转文火慢煨。
8. 鸡肉熟煨烂后，加入茭白、青椒、葱段翻炒至茭白熟即可。

羽族单 No.5

珍珠团

古典鸡米花

读古典小说，常常忍不住想，古人无聊嘴淡时，尤其是半大不小的孩子需要磨牙时，会吃些什么零食呢？

《红楼梦》中出现了不少零食，主要是瓜果、干果、茶点，例如酥酪、山药糕、面果子、茶面子、如意糕、菱粉糕、栗粉糕……富贵人家的孩子嘴是不会闲着的。严格说来，这些食品叫小食，是在正餐、大餐之外的零嘴，也可以作为餐前佐酒的饮食。在清宫膳档中，帝后们的餐桌上除了山珍海味，也有各种各样的小食。除了御膳房统一配菜，皇太后、皇后、贵妃还有自己的小厨房，喝个下午茶、来点夜宵什么的都不会惊动御膳房。

人类一旦满足了温饱，就会赋予肴馔更多的意义。到夏商周时期，饮食已不光为充饥，开始有了休闲的功能，茶余饭后，桃李瓜果满足了人们的口腹之欲的同时，也丰富了日常生活。北宋初期的《清异录》中，饮食、烹饪的描写几乎占了三分之一，其中就有不少小食。

古人的零嘴不全是糕点瓜果类素食，也有荤腥的。《红楼梦》里，刘姥姥二进大观园，贾母兴致勃勃地带姥姥游园，中途请丫头用点心，除了藕粉桂糖糕，还有一样是松穰鹅油卷，虽不是肉，但得用鹅油来制。与第三十九回出现的鸡油卷类似，算是沾了一点荤。第四十一回有螃蟹馅小饺儿，另外野鸡爪子、糟鹅信之类也算荤小食了。

而第四十九回“琉璃世界白雪红梅，脂粉香娃割腥啖膻”里，下了雪，少男少女们（主要是少女）诗兴大发，商量着在芦雪庵再起诗社。正好贾母说有鹿肉给他们晚上吃，史湘云却等不得，跟宝玉商量着，“自己拿到园里弄着，又吃又顽”。于是，她和宝玉两个人，加上后来的平儿，三个人围着铁炉，拿着铁叉吃烧烤鹿肉。宝琴先嫌“怪腌臜的”，禁不住劝也吃了一块，“果然好吃，便也吃起来”。后来连凤姐也得讯跑来吃了。这鹿肉也算这些贵族小姐的零嘴了吧。肉食零嘴，比起糕点，的确别有趣味。

跟现在的孩子除了吃花生瓜子饼干更要吃牛肉干，吃洋快餐除了点薯条也要点鸡米花是一样的。

在《随园食单》里看到“珍珠团”的做法，不由笑了，名字听起来很美，其实也是一款零食，而且是非常接近今天的时尚小吃的肉类小食。

熟鸡脯子，切黄豆大块，清酱、酒拌匀，用干面滚满，入锅炒。炒用素油。

这不就是鸡米花吗？

鸡米花是西式快餐里的东西，皮酥肉嫩，又香脆，没有小孩子不喜欢吃的。二者做法一样，唯一的区别在于珍珠团不用面包糠。

书中炸鸡肉粒的方法，其实也是炸小鱼小虾的方法。我记得妈妈一辈的人总是把小鱼用盐、花椒腌了，在面糊里滚一滚，油锅里再滚一滚，炸到面皮金黄，捞出来趁热吃，真是香脆得不行。如果凉了也没关系，可以在锅里用油再略炸，仍可作零食吃；或者略添些水，加入辣椒、蒜粒和其他配料，就是一道下饭的干烧小鱼。我还见到邻居家的孩子打了鸟也这样炸着吃的，看着都流口水。

面糊裹住肉之后油炸，能很快锁住肉里的水分和鲜味，自然鲜脆香松。袁枚所记用干面滚满，其实效果是一样的，鸡肉粒已经用酱油和酒拌过了，干粉裹上面效果差不多。不过为免不匀，粉还是用水调一下更好。

《清异录》记录的小食中有一款小天酥，是将鸡肉和鹿肉拌米粉油煎而成，跟袁枚所记珍珠团差不多，也算是古典鸡米花的一种吧。

食材

主料

鸡胸肉	200g

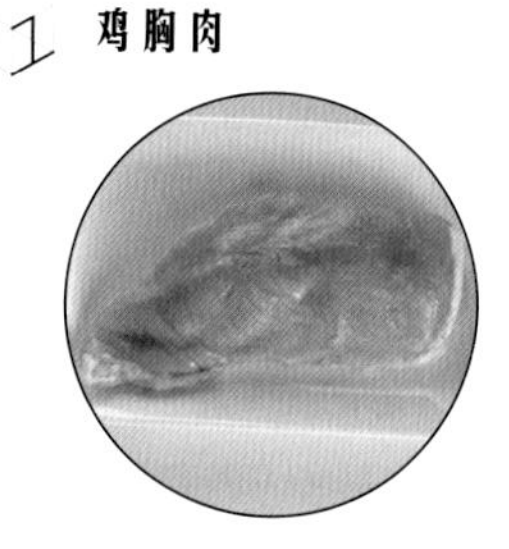

1 鸡胸肉

鸡胸前的一块肉，营养丰富，对人体的生长发育有利；还有一定的药用价值。

配料

酱油	3g
面粉	50g
鸡蛋	1 个
面包糠	50g
炼乳	50g
料酒	3g

1	2
3	4
5	

1. 鸡胸肉切丁，再加入料酒、酱油拌匀腌制。
2. 鸡蛋打散。
3. 鸡胸肉沾上面粉、蛋液、面包糠。
4. 锅里倒油，烧热后放入鸡胸肉，炸至金黄熟透。
5. 装盘，配上一碟炼乳即可。

羽族单 No.6

猪胰炖老鸡

鸡肉不再柴

冬季进补，一般家庭首选的就是炖一锅老鸡汤，而且是老母鸡汤，汤黄肉白，香味扑鼻，单是闻这气味都觉得吸入营养了呢。

中医认为，老母鸡鸡肉属阴，具有温中益气、补虚劳、健脾益胃之功效，可用于治疗体虚食少、虚劳瘦弱、消渴、水肿等症，比较适合产妇、年老体弱及久病体虚者食用。尤其是老母鸡含有对人体生长发育有重要作用的磷脂类，是国人膳食结构中脂肪和磷脂的重要来源之一。老母鸡由于生长期长，鸡肉中所含的鲜味物质比仔鸡多，加上脂肪含量也高于仔鸡，因此鸡汤味道较仔鸡更鲜、更香。

煨老母鸡鲜则鲜矣，肉却很难形容了，反正我家经常是汤喝得差不多了，剩下一些又老又硬的鸡肉块没人吃，最后只得倒掉。实在非常可惜，毕竟汤里的营养有限，大部分营养还是在肉里。比如人体所需的蛋白质就主要在肉中，它不易溶解于水中，鸡汤中的蛋白质成分只有鸡肉中的7%左右。当然，许多水溶性营养素经过加热久煮后溶于鸡汤中，留在鸡肉中的反而少，如维生素 B_1。所以喝汤吃肉才对得起这一锅老母鸡汤。

喝汤弃肉不仅浪费，而且是对老母鸡的辜负。以前我总认为老母鸡煨汤，肉老是必然的，试了《食宪鸿秘》里的妙方，才知道白丢了那么多鸡肉，可惜。

猪胰一具，切碎，同煮，以盆盖之，不得揭开，约法为度，则肉软而汁佳。

《食宪鸿秘》里的这道“煮老鸡”，与猪胰同煮，最初还以为是道菜的做法介绍，以为二者搭配有特别的功效和口味，看下去才发现其实是说烹煮窍门，可解决老母鸡炖汤时肉质过老的问题。正好碰到肉摊有一具猪胰，便买回家，切碎和老鸡一起炖，炖了足有四个小时，瓦罐缝散出的香气令人垂涎三尺，尝一尝最易老的胸脯肉，还真是比以往嫩得多呢！

凡事都有解决之道，可惜以前不知

道。做美食也有诸多窍门，掌握了简直可以从烹饪“小白”一跃成为达人。为了成为烹鸡小能手，我专门去查可使老鸡煨得嫩的窍门，还真搜到一些：在锅内加二三十颗黄豆同炖，可让肉更嫩，更熟得快且味道鲜；放三四枚山楂，则鸡肉更易熟烂；先将老鸡用凉水和少许醋浸泡一个小时左右，再用微火慢炖，炖出来的肉会香嫩可口；淘米水含有一定的淀粉、维生素和微量元素，把鸡放入淘米水中浸泡十五分钟再炖，不但可以去除鸡皮上的异味，还能让鸡肉变得更鲜嫩；盐不可放太早，否则不但容易加入过多的盐，肉也炖不烂，最好在汤快炖好时加盐，加盐后炖几分钟即关火。

这些窍门中，加猪胰的方法最不好操作，其余几种都容易，以后炖老鸡的时候得一一试试。

不过，虽说朱彝尊的猪胰煮老鸡其实是介绍烹饪方法，但二者搭配也是别有风味。浓郁的鸡汤味混合了猪胰的香气，比纯鸡汤更富有层次。况且猪胰本身也有药用价值，和老母鸡相得益彰。

城市里长大的年轻人大多不知道猪胰是什么，更多的人会把猪脾认作猪胰。有次我买了条卤联贴，告诉妈妈我买了卤猪胰，把我妈笑坏了。以前农村用来喂猫的联贴其实是猪脾，生猪脾扁平长条形，十二厘米左右长，呈鲜红或粉红色。而猪的胰脏就是以前做肥皂的玩意，呈不规则形态，上面有白色的脂肪，颜色偏白，用手捏有颗粒状硬块。唐代孙思邈的《千金要方》和《千金翼方》记载，把猪胰的污血洗净，撕除脂肪后研磨成糊状，再加入豆粉、香料等，均匀地混合后，经过自然干燥便成为可作洗涤用途的澡豆。

《本草纲目》记载，猪胰味甘性平，入肺经、脾经，具有益肺、补脾、润燥等功能，所以它和老母鸡、老鸭、老鹅相配都是很好的滋补品，可不仅仅是让老鸡鸭鹅不柴那么简单。

主料

鸡块	300g
猪胰	150g

1 鸡肉

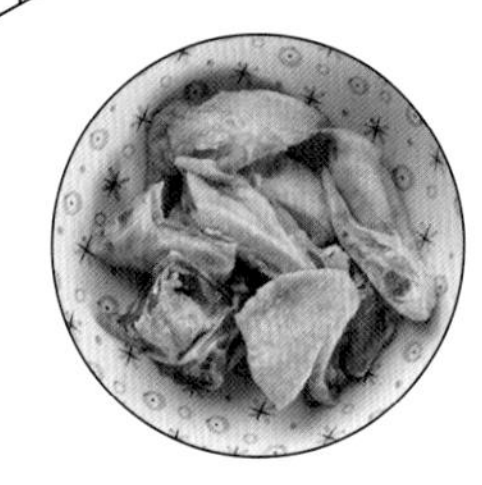

肉质细嫩，滋味鲜美，适合多种烹调方法，并富有营养，有滋补养生的作用。

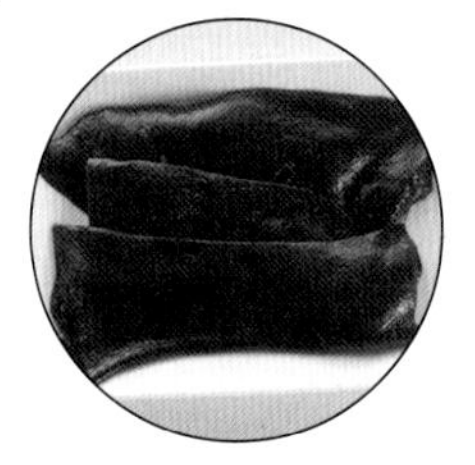

猪的胰脏，含有丰富的蛋白酶，具有益肺止咳、健脾止痢、通乳润燥之功效。

1 2

3 4

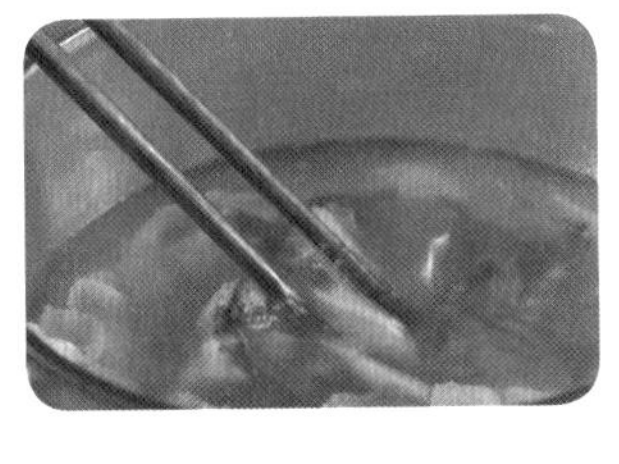

配料

姜片	5g
盐	2g

1. 鸡块汆水。
2. 洗净的猪胰切碎。
3. 将鸡块、猪胰、姜片入锅同煮。
4. 煮至鸡块熟烂，加盐调味后盛出即可。

羽族单 No.7

饨鸭

孤独的鸭子，骄傲的鸭子

小时候参加婚寿喜宴，席上总少不了整只鸡、整只鸭、整条鱼，以其外形的完整寓意圆满。后来学着做菜，慢慢发现烹饪整只禽鱼不是很难的事，尤其是全鸭，简直是又好做又好吃的懒人必备菜式。

做“全”菜，要的是形状完好无损，因此多用蒸和炖。也有先将肉禽在油里炸过再炖蒸的，熘过才入味，但这样的话肉禽很容易“皮开肉绽”，甚至骨肉断开，我不敢挑战，而用了《食宪鸿秘》里最简便的炖煮。

朱彝尊把这道菜叫饨鸭：

肥鸭治净，去水气尽。用大葱斤许，洗净，摘去葱尖，搓碎，以大半入鸭腹，以小半铺锅底。酱油一大碗、酒一中碗、醋一小杯，量加水和匀，入锅。其汁须灌入鸭腹，外浸起，与鸭平（稍浮亦可）。上铺葱一层，核桃四枚，击缝勿令散，排列葱上，勿没汁内。大钵覆之，绵纸封锅口。文武火煮三次，极烂为度。葱亦极美（即葱烧鸭）。鸡、鹅同法。但鹅须加大料，绵缕包料入锅。

他明确地说这道菜也叫葱烧鸭，只是和我们平常做的葱烧法不太一样，更近于炖。

方法很简单，原料亦简单，即鸭子和葱。把葱搓碎，大概是为了让葱味更加突出。在实际操作时，我是将葱切段后填进鸭肚子，另取小半葱放入锅内，葱上放鸭子，另用盆加入酱油、料酒、少量醋和水调匀，注入锅内，直至没过鸭子，但鸭子又不至漂浮晃动，之后上面再铺一层葱。

但我完全想不明白为什么要放四颗核桃，而且核桃不剥开，只留缝隙。即便不理解，我仍然按照菜谱记录放了四颗核桃。有资料说鸭和核桃不能同食，但只用四颗核桃倒也无伤大雅，况且核桃连壳放在鸭上蒸，根本对鸭子的性味没有任何影响。之后就加盖炖煮。文武火三次其实很难掌握，火大水容易干，火小则气压不够，必须仔细观察，凭直觉掌握火候时间。

待肉熟后，葱已经变成酱色，盛出打底，鸭子摆在上面，浇上原汁。因为只用了酱油，因此鸭子的颜色偏黑。葱香馥郁，鸭肉软嫩，汁味醇厚。

奇妙的是那四个核桃，因为没有浸入水中，基本上是蒸熟的，也沾上了肉香和葱香，不管以前的人放上它们是何用意，吃起来还是不错的。

“饨鸭”这个名字，今人认为“饨”应当是“炖”字误写，“饨鸭”就是“炖鸭”。我却宁愿相信它本就是“饨”，馄饨的“饨”，一种用薄皮把馅儿包裹起来的食物——它用鸭包裹葱，不就是“鸭饨”嘛！

在《食宪鸿秘》里用到“饨”的并不多，通常是炖的菜，多说煮、煨，而用“饨”的，多半是中空，要往里填料的，比如这个“饨鸭”。此外还有“让鸭”，是将精制猪肉饼填到鸭肚中，“同‘饨鸭’法饨熟”。真相如何，真想问问朱老先生。

《食宪鸿秘》记录的这种葱烧鸭，其实如今在江西菜和福建菜里都有，都以葱为主要配料烧整只鸭，是名副其实的烧，要将整只鸭抹上酱汁，与葱一起下锅炸成金黄，之后填上配料上锅蒸。大概是后人在实践过程中发现鸭子油炸过后更加葱香可口，因而改良了原来的方法。

不过对于不擅厨艺的主妇来说，要将整只鸭子油炸，又不至黑煳或者损破外形，难度还是挺大的。如果严格按照朱老先生所记，直接清炖鸭子，味道也不错。只是鸭肉带腥味，必须要用配料去腥。孤独的、除了葱没有别的配料的饨鸭，更加真醇地保留了鸭肉的香味和营养，少了油炸程序，也更有利健康。

食材

主料

鸭肉	300g

1 **鸭肉**

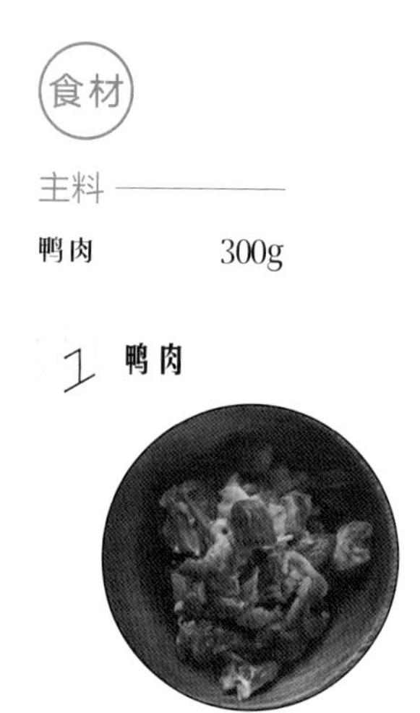

进补的优良食品。蛋白质含量高，脂肪含量适中且分布较均匀，十分美味。

配料

大葱	1根
酱油	5g
料酒	10g
醋	5g
核桃仁	15g
沙参	50g
红枣	3个

1	2
3	4
5	

步骤

1. 用清水浸泡沙参、红枣。
2. 洗净的鸭肉汆水。
3. 大葱切小段。
4. 锅内加水，烧开后放入鸭肉、红枣、沙参、葱段、核桃仁、料酒、酱油、醋。
5. 大火煮沸后转小火，煮至鸭肉烂熟。

羽族单 No.8

酒酿蒸鸭子

蒸熟的鸭子

小时候看越剧《红楼十二官》，我最喜欢芳官，她美丽泼辣，很有些现代女孩的作派。后来看《红楼梦》，我还是最喜欢她。作为贾府芸芸丫环中的一员，芳官和袭人、晴雯、鸳鸯、紫鹃相比，一点都不逊色，只是年龄小些。因为年龄小，从主人到丫环姐妹都疼爱她，又纵容得她更加顽皮。

宝玉生日那天，合府上下都在忙乱，她偏偷偷回房睡觉，只因“你们吃酒不理我，叫我闷了半日”。因为吃不惯长寿面，自己叫柳家的做碗汤送来。

说着，只见柳家的果遣人送了一个盒子来。春燕接着，揭开看时，里面是一碗虾丸鸡皮汤，又是一碗酒酿清蒸鸭子，一碟腌的胭脂鹅脯，还有一碟四个奶油松瓤卷酥，并一大碗热腾腾、碧莹莹绿畦香稻粳米饭。

傲娇的芳官姑娘偏偏嫌弃：“油腻腻的，谁吃这些东西！”只将汤泡饭，吃了一碗，真是辜负了柳婶的一片心意，要知道，这几道菜可是她精心为芳官定制的，尤其是酒酿蒸鸭子，分明是为爱美的小姑娘特意做的美容菜。

曹雪芹没有写酒酿蒸鸭子的做法，但望文生义，这道菜显然是用酒酿清蒸鸭肉，这两样食材都有滋阴养颜的功效。

《本草纲目》记载，鸭肉入脾、胃、肺、肾经，“填骨髓、长肌肉、生津血、补五脏”，具有养颜滋阴、调理脏腑的作用。现代营养学家也认为，鸭肉所含的B族维生素和维生素E可促进皮肤细胞的新陈代谢，同时使皮肤更滑嫩，更有光泽。

鸭子在清代并不是常登大雅之堂的食材，但贾家居江南鱼米之乡，盛产鸭子，所以鸭子常常出现在餐桌上。比如元宵节夜里，贾府众人赏灯放烟花的时候，担心贾母饿着，于是专门给她预备了夜宵，排在第一位的就是鸭子肉粥。还是在宝玉的生日宴上，众人喝酒射覆联句玩，湘云吃了酒，拣了一块鸭肉，忽见碗内有半个鸭头，遂拣了出来吃脑子，得了灵感，说：“这鸭头不是那丫头，头上哪讨桂花油”，让丫头们一阵奚落。

酒酿即甜酒、醪糟，是用甜酒曲发酵糯米而成，《本草纲目》称其“能杀百邪恶毒，通血脉动，厚肠胃，润皮肤，散湿气，养肝脾，消愁怒，宣言畅意，热饮甚良”。酒酿富含益生菌，不仅活血美颜，还有助于调理肠道，民间常用作月子餐原料，既促进产后恢复、滋补身体，又调节内分泌、增加奶水。

鸭肉略腥，酒酿清香，二者同蒸，酒酿开胃暖胃，鸭子滋阴补肾，有很好的食疗作用。味道搭配也极为鲜美，清甜甘冽中透着沁人心脾的酒香，带着诱人胃口的咸香，适合春秋季节食用。这道菜做法简单，但调料拿捏不好，容易甜腻，而且压不住腥味。记得第一次学做这道菜的时候，因为怕过咸，我狠命地加醪糟，不敢多放盐，结果鸭肉真的很腥，也甜得让人不想吃。有人用腌鸭肉代替鲜鸭肉，据说味道既香甜又咸鲜，只是名字该改成酒酿蒸咸鸭了。

既然曹雪芹没有说明酒酿蒸鸭子的做法，那么主妇们大可根据自己的喜好创新，只要遵循清蒸的基本要诀就好。《清稗类钞 · 饮食类》有蒸白鱼：“以白鱼及糟与鲥鱼同蒸，或冬日微腌，加酒酿，糟二日，亦佳。”曹公没说的方法，大可参照蒸白鱼。

主料

鸭肉	300g

1 鸭肉

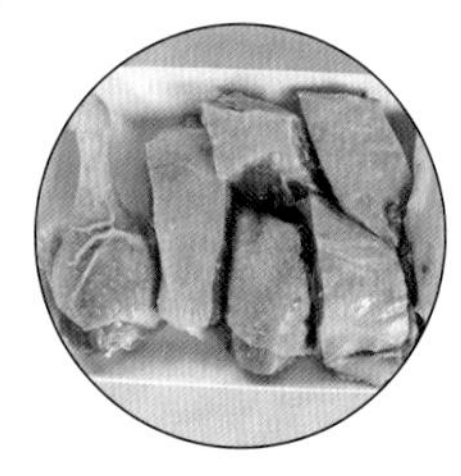

家鸭的肉，进补的优良食品。蛋白质含量高，脂肪含量适中且分布较均匀，营养又美味。

配料

米酒	150g
枸杞	15g
姜片	10g
大葱	1 根
盐	1g

1. 鸭肉用清水浸泡半个小时左右，再去除血水，然后沥干水。
2. 鸭肉中加入盐、米酒，抓匀，静置 20 分钟。
3. 锅中加水烧开，将鸭肉连同米酒放入蒸锅，再放上姜片、枸杞、葱段。
4. 大火烧开，转小火蒸 45 分钟左右即可。

1	2	3
	4	

羽族单 No.9

鸭羹

夏日不容错过的靓汤

夏天到了，不知道买什么肉的懒主妇，拎一只鸭子回家也许是聪明的做法。鸭肉性寒，《本草纲目》说它“填骨髓、长肌肉、生津血、补五脏”，加上脂肪、胆固醇含量不算高，又有补虚生津、清热败火的功效，因此很适合夏季煲汤用。末代皇帝溥仪在《我的前半生》一书里记下了宫内的早膳，其中就有三鲜鸭子、鸭条熘海鲜等，最后一位皇太后隆裕太后每月用餐需三十只鸭子，几乎一天一只，按长于养生膳食的御厨的饮食安排，多半是夏季食谱。

第一次在《食宪鸿秘》里看到鸭羹时，眼睛一亮，满以为可以学点新花样，仔细一看，不就是鸭汤吗：

肥鸭煮七分熟，细切骰子块，仍入原汤，下香料、酒、酱、笋、蕈之类，再加配松仁，剥白核桃更宜。

看古代菜谱，常常被“羹”字迷惑，总以为是用芡粉勾芡出来的各种糊羹，完全忘了古人的羹才是我们现在说的汤，古人的汤只是热水而已。古人记录下来的各种羹，羊羹、鸭羹、猪肚羹、鱼羹……都是种种肉菜做的汤。

朱彝尊所记的鸭羹，自然就是鸭汤。因为《食宪鸿秘》以江浙风味为主，鸭羹也属江浙风味，较清淡，更注重营养和滋补功效。

虽然鸭汤和鸭羹是同一种东西，但鸭羹似乎听起来更浓稠一些，也更有古意一些。今天叫鸭羹的传统名菜，淮扬菜里有淮山鸭羹，鲁菜里有“寿”字鸭羹。

淮山鸭羹有两百多年的历史，相传最初是清乾隆、道光时期的中医温病学家吴鞠通发明的。吴鞠通医术高超，他给病人诊疗时，经常开的一道药方便是淮山药和老雄鸭同煮，专为虚劳、气血不足的病人益气补血用，非常灵验。这道药食同工的羹菜流传至今，成为了淮扬菜里的名菜。

“寿”字鸭羹则是以口蘑、笋丁和鸭肉同炖，最后用火腿摆出“寿”字。这是孔府菜中的经典鸭馔，原料看似普通，实则讲究，须将白煮鸭脯肉切成小方丁，火腿、口蘑、冬笋都要上品，雪丽糊打底，红色的火腿条拼成“寿”，再用孔府特制的“三套汤”调制。碗底三套汤清澈见底，鸭肉、冬笋和口蘑分别呈淡红、玉白、浅灰，色彩协调，羹鲜肉嫩，味道香醇又淡雅精致。在慈禧太后的60岁寿宴上，孔府所进的早膳中就有这道菜，深得慈禧欢心。

此外还有苏菜系的名菜甫里鸭羹，这道菜相比前两道鸭羹用料更多，因而汤汁稠黏，香鲜浓郁，营养丰富。配料包括白果、干贝、虾米、肫肝、火腿、猪蹄筋或肉皮丁，素菜配有山药、笋片、香菇等。尤其是必须有白果，香糯的白果略带苦涩，反使汤羹的鲜味更加突出。这道鸭羹传说创于唐朝，当时文学家陆龟蒙隐居于甪直甫里，喜养鸭取乐，他去世后，乡亲们拿出自家最好的食材，与他亲手养的那些鸭同炖，名曰鸭祭。从那以后，每逢陆龟蒙的忌日，乡亲们都炖这种鸭羹祭奠。这一锅炖鸭羹味道实在太美味，久而久之，就发展成当地的名菜。

鸭肉作为夏季凉补食材，可搭配的食补原料很多，无非是口味差别。做成的鸭羹可酸爽，可清鲜，可浓郁，可药香，都无损它的食疗效果。只要不太过清淡而压不住鸭肉的腥味，都不失为夏日的一碗清热生津、健脾开胃的养生汤。《食宪鸿秘》的做法是添加笋子、菇类和松仁或核桃等坚果，跟甫里鸭羹加白果有异曲同工之妙，很值得一试。但其加了清酱，想来汤汁不会很多，整道菜更接近酱卤鸭肉。

食材

主料

鸭肉	300g

1 鸭肉

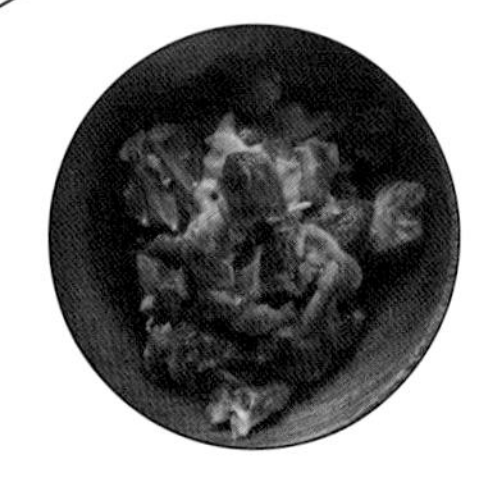

家鸭的肉，进补的优良食品。蛋白质含量高，脂肪含量适中且分布较均匀，营养又美味。

配料

笋子	80g
香菇	2个
核桃仁	20g
料酒	10g
大葱	2段
姜片	10g
酱油	5g
盐	1g

步骤

1. 鸭肉洗净、氽水后加水煨炖。
2. 香菇、笋子切丁。
3. 鸭肉煨炖至七分熟时加笋丁、香菇丁、核桃仁、葱段、姜片、酱油、料酒、盐。
4. 煮至鸭肉软烂即可。

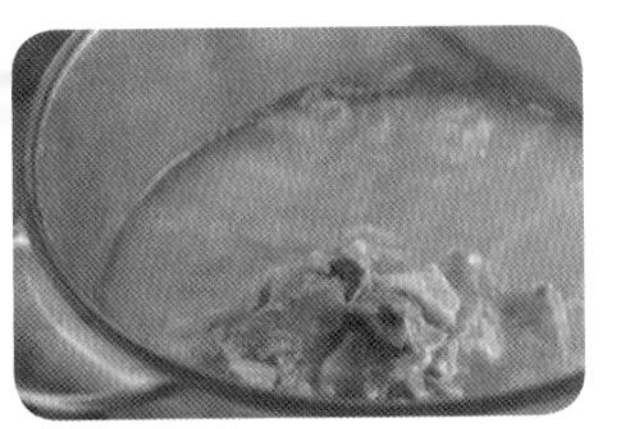

1	2
3	4

水族单

初学古文的孩子都会背孟子的“鱼，我所欲也；熊掌，亦我所欲也”，可以想见，鱼在古人的生活中分量极重。在中国饮食历史上，鱼类是人们的主要食用资源之一。从考古发掘出的石器时代的鱼钩、鱼叉和陶器上的鱼形纹饰可知，人类捕鱼、食鱼的历史是从石器时代或更早时期就开始了。

现代营养学认为，鱼的营养价值非常高，富含动物蛋白和钙、磷及维生素A、维生素D、维生素B_1、维生素B_2等物质，比猪肉、鸡肉等动物肉类都高，且易被人体消化吸收，对人体有多种保健功能。其中的动物蛋白特别有利于人脑的生长发育，钙则有利于人体骨骼的生长发育。

尽管捕获鱼类（含其他水族）最初是作为先民满足生存需求的必要之举，然而其丰富的营养和鲜美的味道也让先民的生活质量上了档次。仓颉造字更是将“鱼”和“羊”组合到一起成了“鲜”字，这是对水族类食物的最高褒赏。

先民们为了满足日常饮食，以及提高饮食质量，不但在各种水域中广泛捕捞可食鱼类，而且还千方百计地搜寻珍稀鱼种，以此作为烹饪的上佳原料和款客的地域珍品。不过许多珍稀鱼种如今已经消失或正在消失，而我们的水族食谱即使选择那些寻常的品种，美味也不打折。

例如鲫鱼、鲢鱼、虾，分别是市场最常见的河鲜、江鲜、海鲜，做法也不外乎熘、煨、炖，搭配的也是葱、白菜、豆腐之类的家常食材。当然餐桌上也不能只有这些平价水族，偶尔也要有蟹、海参之类亮亮相，因此我从古籍里挑选了易做的蒸蟹和煨海参。可以负责任地说，照着菜谱和不看菜谱做出来的菜品味道很不一样；照着古菜谱和今日菜谱做出来的菜品味道也很不一样。

水族单 No.1

醋搂鱼

一条鱼的最高境界

凡是加醋的菜肴都比较难做。难在醋的把握，少则无味，多则太酸，酸度能够拿捏得恰到好处，那绝对是一门手艺。反正我是不敢轻易尝试，尤其是醋熘鱼，鱼肉本身就很娇嫩，一个处理不当，整道菜就废了。因为难做，醋熘鱼就成了我心中做鱼馔的最高境界。

而醋熘鱼的最高境界是西湖醋鱼。

西湖醋鱼不仅好吃、难做，而且历史悠久。

清代道光时期的梁绍壬在《两般秋雨庵随笔》中写道：“西湖醋熘鱼，相传是宋五嫂遗制。”宋代周密在《武林旧事》中记录，临安城里宋五嫂经营酒馆数十年，做得一手好鱼羹，宋高宗赵构曾乘龙舟游西湖，尝到她的鱼羹，大为赞赏。后来宋嫂在此基础上又调制出醋鱼。

不过袁枚对宋嫂的鱼表示不屑，他在《随园食单》水族有鳞单里专门记录了“醋搂鱼”（即醋熘鱼），说其“徒存虚名”，批评载有宋嫂鱼羹的宋代《梦粱录》不足信。

袁氏做法：

用活青鱼切大块，油灼之，加酱、醋、酒喷之，汤多为妙。俟熟即速起锅。此物杭州西湖上五柳居最有名。而今则酱臭而鱼败矣。甚矣！宋嫂鱼羹，徒存虚名。《梦粱录》不足信也。鱼不可大，大则味不入；不可小，小则刺多。

他的做法和梁实秋所记类似。梁实秋也喜欢吃西湖醋熘鱼，在《雅舍谈吃》中专门写了烹饪方法：选用西湖草鱼，鱼长不过尺，重不逾半斤，宰割收拾过后沃以沸汤，熟即起锅，勾芡调汁，浇在鱼上，即可上桌。和袁枚的做法区别仅在于勾芡。

梁实秋特别强调，“熘鱼当然是汁里加醋，但不宜加多，可以加少许酱油，亦不能多加。汁不要多，也不要浓，更不要油，要清清淡淡，微微透明。”而袁枚强调“汤多为妙” 。看来一道醋熘鱼，也是千般变化，要做到人人称好，真是不容易。

1956 年，西湖醋鱼在杭州名菜的评比中脱颖而出，成为三十六道杭州名菜中的佼佼者。西湖醋鱼选取水乡最常见的食材品种，制作时仅是用水煮，连盐也不放。看似平淡，但平淡背后妙不可言，极考功力。

如今的西湖醋鱼用的是草鱼，但其实它对鱼的要求不高，鲢鱼、鳙鱼、草鱼和青鱼等“四大家鱼”都可用来制作。袁枚的醋搂鱼用的就是青鱼，青鱼泥腥味较草鱼轻，大概正因如此袁枚才格外青睐，所记鱼松、鱼圆等也是用青鱼。

袁枚的醋搂鱼是先将青鱼过油煎炸，然后加酱、醋、酒进行烹制。而今天的西湖醋鱼的做法，则是于锅内放清水，用大火烧沸，再将治净并剖成两爿（皮相连）的鲜草鱼放入沸水中，煮至鱼的划水鳍竖起、鱼眼珠突出，即用漏勺将鱼捞出，沥干汤水，鱼皮朝上平摊在盆里。另用净锅放余鱼的原汤，加酱油、白糖、酒、姜末，烧沸后，加醋，下湿淀粉勾芡，搅成浓汁，淋上麻油，浇在鱼上。很明显，其烹饪手法及调味料、作料都比醋搂鱼复杂许多。

两相对照，也许袁氏的醋搂鱼做出来不如西湖醋鱼貌美味好，但方法实在简单多了。想吃糖醋鱼，想学着在鱼身上用醋，则从醋搂鱼做起比较保险。

主料

草鱼	400g

1 草鱼

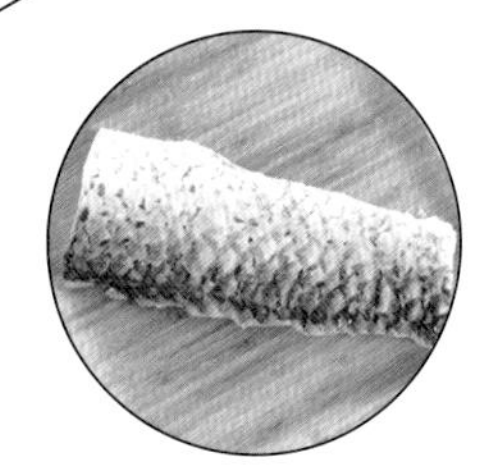

四大家鱼之一，生长快，个体大，肌间刺少，肉质肥嫩，味鲜美，适合红烧、炖等。

配料

酱油	3g
醋	1g
料酒	5g
生粉	15g
葱花	10g

步骤

1. 草鱼切成两爿，划十字花抹上生粉。
2. 锅中倒油，烧热后放入草鱼，炸至金黄熟透后取出。
3. 冷锅放酱油、料酒、醋，烧开。
4. 调好的酱汁淋在鱼上，撒上葱花即可。

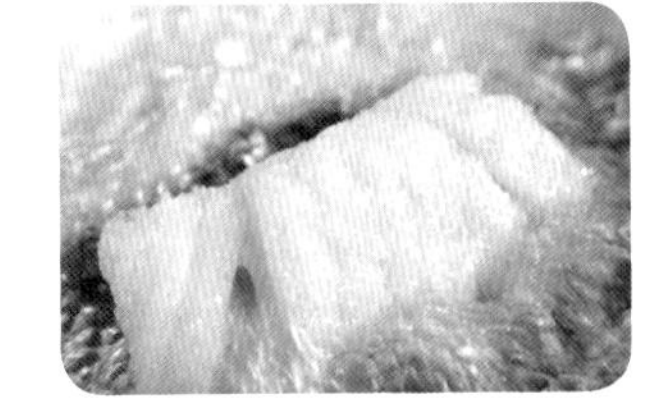

1	2
3	4

水族单 No.2

鲫鱼羹

长寿皇帝的最爱

偶然在网上看到，鲫鱼汤竟然是“十全老人”乾隆皇帝最爱的菜之一。还有个故事：

中国皇帝中唯一的旅游达人乾隆有一次又跑到江南玩，玩得太开心了，结果和随从走散了。平常都有人开道的皇帝傻眼了，他迷路了！他转啊转啊，又热又饿又渴，又不可能当街大喊“护驾，来一碗冰水”。他迷迷糊糊地窜到了河边，没了去路。正好河边停着一条渔船，船上的一对渔家夫妇好心地请他上船歇息。正是饭点，渔夫从舱里抓了一条鱼，就着一些姜、葱花等作料煮了碗汤，请他一起用午餐。皇帝从来没吃过这种东西，乳白色的汤像牛奶一样，还微微有些腥气，他的脸上写满了怀疑。不过他太饿了，也就只得将就吃。没想到，一口汤喝下去，他顿时觉得以前在宫中吃过的所有美味佳肴都逊色了，不由得口不离碗喝了个饱，边喝边赞不绝口。

这碗鱼汤就是鲫鱼汤，从此鲫鱼汤成为乾隆爷的最爱，据说他能够长寿，很大程度上得益于经常喝鲫鱼汤。

的确，鲫鱼不仅味道鲜美，营养更是丰富，其含有丰富的蛋白质、少量脂肪、碳水化合物，及钙、磷、铁等多种元素，硫胺素，核黄素，烟酸，维生素A及维生素 B_{12} 等，是民间常用的补虚食品。《滇南本草》说它能“和五脏，通血脉”；《日华子本草》称其能“温中下气，补不足”；《本草经疏》云：“鲫鱼调胃实肠，与病无碍，诸鱼中惟此可常食。”

因为鲫鱼所含的蛋白质质优、营养成分比较齐全，易于消化吸收，常食可增强抗病能力，因此适合老人和小孩食用，尤其适合孕妇食用，民间有孕产妇食用鲫鱼补益身体或增加乳汁的传统。我记得坐月子时除了鸡，吃得最多的就是鲫鱼了，孩子开始吃辅食后也经常用鲫鱼汤做粥给她吃。

鲫鱼易买，也易烹饪，干烧、红烧、清蒸、做汤均可，怎么做都好吃。不过要最大限度地保留营养，恐怕还是鲫鱼汤最妙。清代“扬州八怪”之一的李鱓曾到另一怪郑板桥家做客，吃了一碗鲫鱼汤，汤味之美令他诗兴大发，当场赋诗："作宦山东十一年，不知湖上鲫鱼鲜。今朝尝得君家味，一勺清汤胜万钱。"

"一勺清汤胜万钱"，胜在肉嫩汤鲜，胜在益寿延年，胜在平民皆易食用，确实只有鲫鱼能担此美名吧。

经常在家做鲫鱼汤，我慢慢摸索出一些经验，要想汤浓白，需将鲫鱼用猪油略炸，然后大火烧沸之后改文火慢煨，而用植物油则达不到这种效果。

我做汤一般是用整条鲫鱼煨汤，鲫鱼多刺，只能给孩子扒鱼肚上的肉吃，非常有限。像《食宪鸿秘》里的鲫鱼羹我从来没做过，这种做法最大限度地保留了肉，很适合小孩子吃，可惜我女儿小的时候我没有看到这法子：

鲜鲫鱼治净，滚汤焯熟。用手撕碎，去骨净。香蕈、鲜笋切丝，椒、酒下汤。

主料

鲫鱼　　1条

1 鲫鱼

肉质细嫩，营养价值很高；药用价值极高，性平味甘，具有和中温胃进食、补中生气之功效。

配料

香菇	2朵
茭白	1根
料酒	10g
盐	2g
鸡精	2g

这种做法可以将鱼肉全部煮进汤里，当然汤更浓肉更稠。程序也不复杂，只是在去刺取肉时务必非常细心。汤本身已很鲜，而菇类味也鲜，笋子也美味爽口，两种食材搭配肥美的鲫鱼，则汤鲜醇浓，肉嫩笋脆。

其实鲫鱼在我国的食用历史悠久，《仪礼·士昏礼》记载："士昏礼……鱼用鲋，必肴全。"鲋就是鲫鱼，和鲫字一样，取这种鱼喜成群结队、相附而行之意。意思是说婚宴中要有鲫鱼，而且要完整的鱼，取其"吉"的谐音。可见两千年前鲫鱼就已经是人们喜爱的食物了。

鲫鱼好吃，但也有优劣之分，袁枚在《随园食单》的须知单里记录了好鲫鱼的标准："鲫鱼以扁身白肚为佳，乌背者，必崛强于盘中"。这种标准的鲫鱼现在找起来是相当有难度，毕竟野生土鲫鱼不多见了，不能不说是个遗憾。

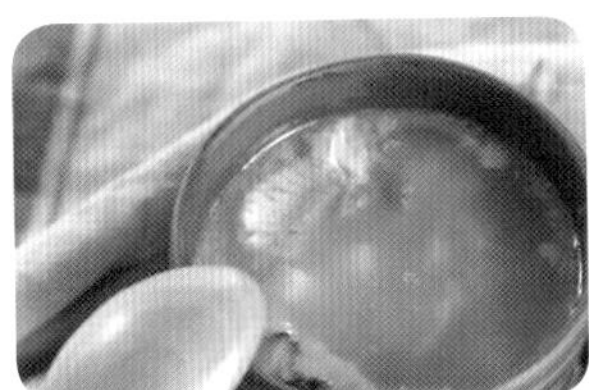

1	2
3	4
5	6

步骤

1. 香菇切丁。
2. 茭白切丁。
3. 剖开、洗净的鲫鱼放入沸水里煮熟，捞出。
4. 煮熟的鲫鱼去除鱼刺。
5. 将鲫鱼肉放入之前煮鱼的水里，加入香菇丁、茭白丁、料酒、盐、鸡精同煮。
6. 待香菇、茭白熟后即可盛出装盘。

水族单 No.3

连鱼豆腐

要有鱼，要有豆腐

上帝说，最好吃的鱼，要有鱼，还要有豆腐。于是，就有了鲢鱼炖豆腐。

鲢鱼就是白鲢。白鲢味甘、性温，入脾、胃经；可治疗脾胃虚弱、食欲减退、瘦弱乏力、腹泻等；还具有暖胃、补气、泽肤、乌发、养颜等功效。

豆腐就不用说了，它的营养成分有十几种，其中最主要的就是蛋白质，此外，它还含有磷、钙、铁等，这些都对人的健康非常有益。

俗话说千炖豆腐万炖鱼，就是说鱼和豆腐炖在一起，营养、味道互补，越炖越好吃。鲢鱼豆腐绝对算得上上帝的恩宠，用料简单，做法简单，搭配在一起却是色、香、味、营养都相得益彰的养生美食。两者搭配，有温中补气、暖胃、泽肌肤的功效，适用于脾胃虚寒体质、便溏、皮肤干燥者，也可用于脾胃气虚所致的产妇乳少等症。

在家里，我做得较多的也是鲢鱼，鲢鱼比草鱼肉质细嫩，用做水煮鱼、酸菜鱼都好吃。我尤其喜欢它鱼头大这一点，每次都可以一鱼两吃，鱼身做鱼片，鱼头用来炖豆腐汤。

在《随园食单》看到豆腐和鲢鱼的另一种炖法，觉得挺新鲜：

用大连鱼煎熟，加豆腐，喷酱、水、葱、酒滚之，俟汤色半红起锅，其头味尤美。此杭州菜也。用酱多少，须相鱼而行。

连鱼即鲢鱼，《调鼎集·水族有鳞部·连鱼》说：“（连鱼）喜同类相连而行，故名。”

看起来这道连鱼豆腐应该叫豆腐烧鲢鱼。问杭州的朋友，朋友告诉我，确实是豆腐烧鲢鱼，不过人家叫“鱼头豆腐”，是杭州传统名菜，一般用胖头鱼的鱼头来制作。当然，袁枚也说了，“其头味尤美”。

胖头鱼是花鲢，学名鳙鱼。花鲢比白鲢细刺少，头也更大，想来正是这个原因，这道菜改用胖头鱼，而且只用鱼头了。我若单独做豆腐鱼头汤，通常也会买花鲢头。

我一向对鱼和豆腐的搭配情有独钟，当然要试试这道“随园菜”。

整条鱼太大，所以只用鱼头和少量鱼身。袁枚说“大连鱼煎熟”，并没说分割切块还是切片，想来是宴席所需整条鱼更好看。像我这样的主妇级厨子最好不要轻易尝试。

袁枚也没说鱼需事先腌制，不过以我的经验，还是腌制一下比较好。正宗的杭州鱼头豆腐也是需要腌制的，将鱼头剖成两半，在剖面上涂抹豆酱，正面抹酱油。腌制大约 20 分钟后，将鱼头正面下锅煎黄，加入酱油、料酒、白糖，推匀后将鱼头翻转，加汤水，放入豆腐。水须没过鱼头和豆腐。烧沸后转小火煮 15 分钟左右，再用中火煮约 2 分钟，加味精、葱、蒜。正宗的杭州鱼头豆腐还要加笋片、香菇等，最后浇上热猪油才算完成。

因为要体验原汁原味的“随园菜”，除了腌制和先油煎的步骤外，我基本都遵照它的做法，没有加其他配料。这道菜里的豆腐吸收了鱼的鲜味，非常好吃，而且豆腐没有经过油煎，因此对身体更加健康。因为是烧菜，可以加入适量豆瓣酱或辣椒，这样鱼和豆腐会更有味，汤汁也更加下饭。

主料

鱼头	半个
豆腐	200g

1 鱼头

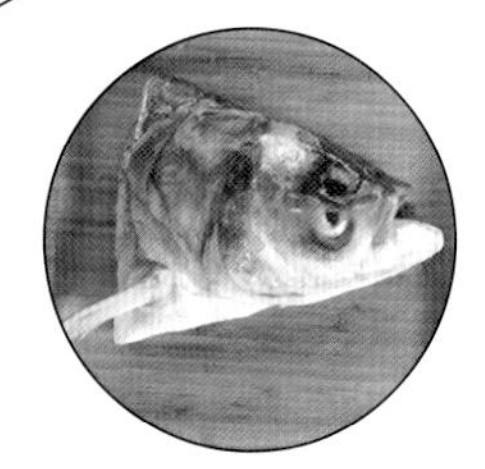

营养高、口味好，富含人体必需的卵磷脂和不饱和脂肪酸，对降低血脂及延缓衰老有好处。

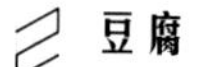

2 豆腐

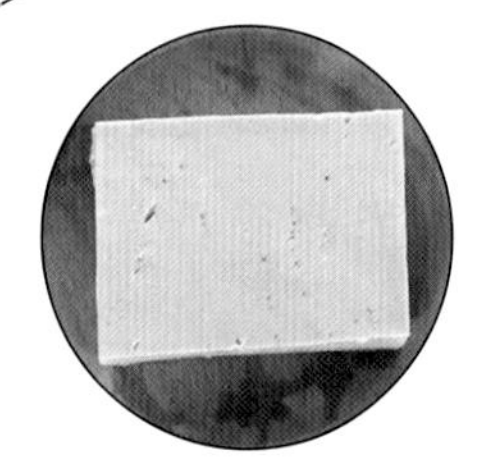

一种以黄豆为主要原料的食物。高蛋白，低脂肪，具有降血压、降血脂、降胆固醇的功效。

配料

料酒	50g
黄豆酱	50g
酱油	50g
大葱	50g

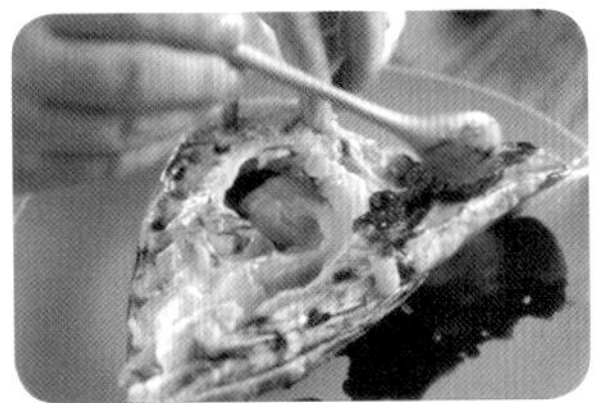

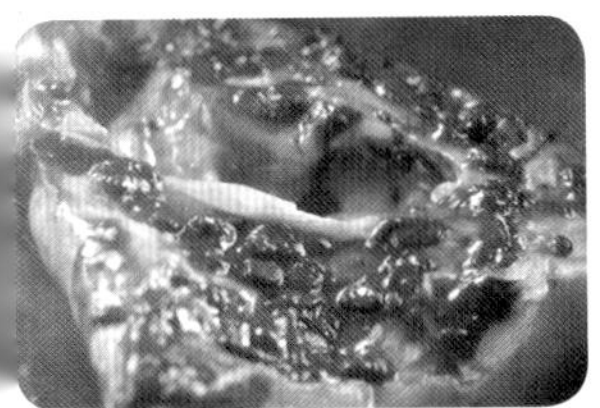

1	2
3	4
5	

1. 豆腐切块，大葱切段。
2. 在鱼头正面抹上酱油，剖面涂一层黄豆酱。
3. 热锅倒油，将鱼头正面朝下放进锅里，煎至两面金黄。
4. 锅中加水煮沸，放入料酒、葱段、豆腐。
5. 大火煮开，然后改小火煮15分钟左右即可盛出。

水族单 No.4

虾丸鸡皮汤

下饭美容两不误

康乾盛世时大江南北各民族饮食融合，空前繁荣，不仅奠定了今天的饮食体系，当时的菜系品种甚至比今天的还要丰富。当时记录社会生活和饮食文化的著作也蔚为大观，朱彝尊的《食宪鸿秘》、袁枚的《随园食单》都成书于这个时代，顾仲的《养小录》也大体可算在里面，还有皇皇巨著《红楼梦》。

那个时代已经不仅仅是食不厌精脍不厌细了，饮食文化几乎达到了顶峰。和袁枚同时代的戏曲家袁栋在《书隐丛说》说："其宴会不常，往往至虎阜（即虎丘）大船内罗列珍馐以为荣。春秋不待言矣，盛在夏之会者，味非山珍海错不用也。鸡有但用皮者，鸭有但用舌者……"就像《红楼梦》里有专门的糟鹅掌、糟鸭信，"信"就是舌，一道鸭信得多少鸭啊，连刘姥姥都感慨那道吃不出茄子味的茄鲞竟要十几只鸡来配。

单是鸡皮成菜的，《红楼梦》就出现了两道。其中一道是酸笋鸡皮汤。在第八回里，宝玉去薛姨妈家探望生病的宝钗，姨妈拿出糟鹅掌鸭信给他尝，公子爷觉得这个须就酒才好，于是喝了几杯。姨妈又赶紧让人做了酸笋鸡皮汤，宝玉痛喝了几碗。

这个酸笋鸡皮汤是解酒汤，因此宝玉"痛喝了几碗"，姨妈才放下心来。

能解酒的主要是酸笋，用鸡汤煨是为了汤好喝。大盐商童岳荐的《调鼎集》记载："冬月宜汤，鸡蹼、鸡皮、火腿、笋四物配之，全要用鸡汤，方有味。"

同样，《红楼梦》里的另一道鸡皮汤——虾丸鸡皮汤也是如此，用鸡皮汤煨虾丸是为了让虾丸"有味"。

第六十二回，宝玉过生日，芳官一个人闷在怡红院，宝玉跑回来找她。宝玉担心她饿着，她说已经叫厨娘柳婶子做了：

说着，只见柳家的果遣人送了一个盒子来。春燕接着，揭开看时，里面是一碗虾丸鸡皮汤，又是一碗酒酿清蒸鸭子，一碟腌的胭脂鹅脯，还有一碟四个奶油松瓤卷酥，并一大碗热腾腾、碧莹莹绿畦香稻粳米饭。

芳官嫌那些菜油腻，“只将汤泡饭，吃了一碗，拣了两块腌鹅，就不吃了”。宝玉在旁边闻着，反觉得比平常香，“遂吃了一个卷酥，又命春燕也拨了半碗饭，泡汤一吃，十分香甜可口”。

挑剔的芳官只用汤泡饭吃了一碗，宝玉泡饭也吃了半碗，可想而知，虾丸鸡皮汤好喝。事实上，柳家的为了女儿能进怡红院当差，要托芳官说好话，是花了心思准备这几样菜的，这些都是清淡不伤嗓子而且养颜的菜，搭配的汤当然又要下饭又要养颜。

清水煮虾丸本就鲜美，鸡皮汤更是锦上添花，如果要分主次，则主角应是虾丸，鸡皮和鸡汤是群演。古时没有如今这么丰富的调味品，通常以鸡汤、骨头汤做高汤提味。《随园食单》中也说：“虾圆照鱼圆法，鸡汤煨之，干炒亦可。”虾丸高蛋白、低脂肪，具有补肾壮阳、健脾化痰的功效。而鸡皮中含有大量的硫黄软骨素，是弹性纤维蛋白最重要的组成元素。二者一起煮，确实既营养又美味。

用鸡汤和鸡皮汤做高汤时，“鸡但用皮者”，但现代人做起来可不容易。不过这也给我们提供了炖鸡最大化利用的思路——相信多数人都有同感，肥母鸡炖汤之后，鸡皮肥腻，让人不敢入口，是被嫌弃的部分。如果将鸡皮连同一部分鸡汤收集起来，跟虾丸一起做成这道“红楼菜”，岂不得其所哉！

主料

虾	6只
猪肉馅	50g
鸡皮	50g

1 虾

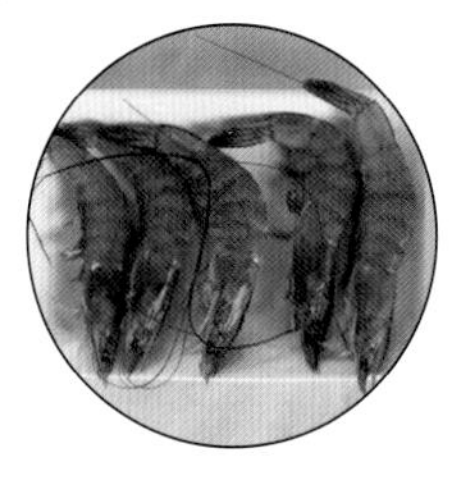

一种生活在水中的节肢动物，种类很多，具有很高的食疗营养价值，并可以用作中药材。

2 猪肉馅

人们餐桌上重要的动物性食品之一。含有丰富的蛋白质及钙、铁、磷等，具有补虚强身、滋阴润燥等作用。

3 鸡皮

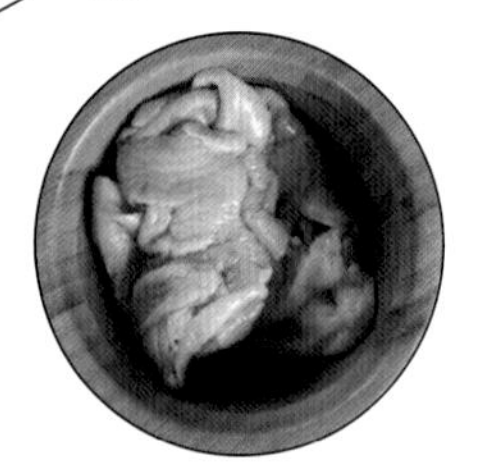

鸡肉的皮。烹饪后可食用，含有大量的胶原蛋白，能使皮肤光滑，有一定的祛皱功效。

配料

菜心	50g
生粉	10g
盐	1g
鸡精	2g
料酒	5g

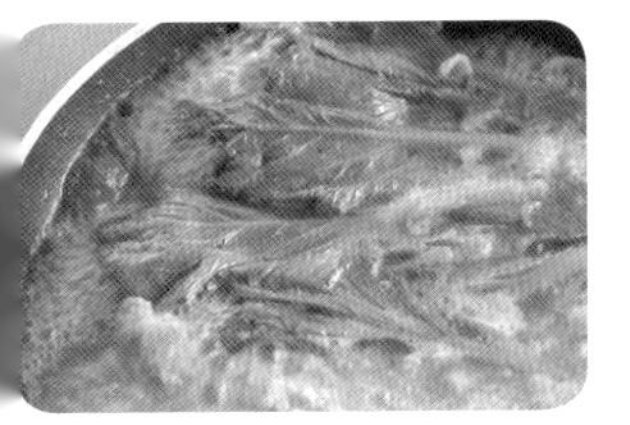

1	2
3	4
5	

1. 虾剥壳洗净，去虾线，再剁成细茸。
2. 虾茸与猪肉馅混合，加入盐、料酒、生粉拌匀。
3. 锅内加油，放入鸡皮爆香。
4. 锅肉加入清水，煮沸后将虾肉茸舀成虾丸入锅。
5. 待虾丸全部浮在水面时，加入菜心略煮，最后加盐、鸡精调味即可。

水族单 No.5

蒸蟹

深秋不能错过的风雅

说起最有文化内涵、最风雅的餐桌肴馔，螃蟹当仁不让。

中国人食蟹的历史可以追溯到周代，最初是将螃蟹做成蟹酱用于祭祀，后来慢慢出现了渍蟹、炒蟹、洗手蟹、酒蟹以及辣羹蟹、签糊齑蟹、枨醋蟹、五味酒酱蟹、蟹酿橙等蟹馔。食蟹几乎成了文化符号，逾千年的深秋季节，蟹肥之时，文人雅士聚在一起，赏菊食蟹，饮酒作诗，既满足口腹之欲，更乐享深秋浓厚的文化氛围与意境。

螃蟹肉少，却让人记挂了千年。美食家苏东坡曾不惜以诗换蟹，写下“堪笑吴中馋太守，一诗换得两尖团”。大美食家、生活家李渔嗜食螃蟹，人称“蟹仙”，在《闲情偶记》中专门有一节说蟹，每年蟹尚未上市，他便积蓄一笔钱准备买蟹，家人笑他嗜蟹如命，他便索性称这笔钱为“买命钱”。

蟹的吃法也随着时代的变迁，花样越来越多。

元人爱吃煮蟹。“元四家”之一的倪云林，不仅他的绘画对后世有重大影响，他著的《云林堂饮食制度集》也是很珍贵的饮食典籍，其中所记的三种食蟹法中就有“煮蟹法”：

用姜、紫苏、橘皮、盐同煮。才大沸便翻，再一大沸便啖。凡旋煮旋啖，则热而妙。啖已再煮。捣橙齑、醋供。

明清时代的人则和现代人的口味相近，食蟹多爱清蒸。李渔嗜蟹，尤其钟爱蒸蟹，他认为蟹之鲜美，“已造色、香、味三者之至极，更无一物可以上之”。因为本味已是至美之味，因此他认为“凡食蟹者，只合全其故体，蒸而熟之”。

相比煮蟹，清人朱彝尊也更偏好蒸蟹。他在《食宪鸿秘》中说：“蟹浸多水煮则减味。法用稻草搥软挽匾髻入锅，水平草面，置蟹草上，蒸之味足。”而著名的散文家、美食家梁实秋曾撰文《蟹》，评比了几种食蟹法，蒸蟹最高：

在餐馆里吃“炒蟹肉”，南人称蟹粉，有肉有黄，免得自己剥壳，吃起来痛快，味道就差多了。西餐馆把蟹肉剥出来，填在蟹匡里烤，那种吃法别致，但也索然寡味。食蟹而不失原味的唯一方法是放在笼屉里整只地蒸。

蟹虽鲜而肥、甘而腻，却不宜多食，尤其是体弱者。《红楼梦》第三十八回，湘云在宝钗的帮助下开螃蟹宴，贾母就一再叮嘱孩子们少吃，“那东西虽好吃，不是什么好的，吃多了肚子疼”。

《食宪鸿秘》中也记下了食蟹禁忌：

孟诜《食疗本草》云：蟹虽消食、治胃气、理经络，然腹中有毒，中之或致死。急取大黄、紫苏、冬瓜汁解之。又云：蟹目相向者不可食。又云：以盐渍之，甚有佳味。沃以苦酒，通利支节。又云：不可与柿子同食。发霍泻。

陶隐居云：蟹未被霜者，甚有毒，以其食水莨也。人或中之，不即疗则多死。至八月，腹内有稻芒，食之无毒。

《混俗颐生论》云：凡人常膳之间，猪无筋，鱼无气，鸡无髓，蟹无腹，皆物之禀气不足者，不可多食。

凡熟蟹劈开，于正中央红衁外黑白翳内有蟹鳖，厚薄大小同瓜仁相似，尖棱六出，须将蟹爪挑开，取出为佳。食之腹痛，盖蟹毒品全在此物也。

总结起来，就是蟹性寒凉，不宜多食。蟹死后或蒸蟹放久后，蟹体内的组氨酸会分解产生组胺，组胺会让人出现恶心、呕吐、腹痛、腹泻等中毒症状。将熟蟹劈开后所见的“六角虫”是蟹的心脏，性尤寒，不可食用。

前面所说《红楼梦》里的螃蟹宴，把吃螃蟹写到极致，简直就是蟹文化宝典、螃蟹食用方法大全，今天完全可以用来当作食用手册。简言之就是，食蟹要趁热，要有酒，要有菊，要有诗，要有氛围。现代人虽然不可能聚在一起作诗食蟹，但在深秋时节，三五知己一起，邀月赏菊，听风食蟹，找回那么些风雅的感觉，也不失为乐事。

食材

主料

螃蟹	3只

螃蟹

甲壳类动物，含有丰富的蛋白质及微量元素，对身体有很好的滋补作用。性寒，食用时常搭配姜蓉、紫苏等调料。

配料

姜	1块
橘皮	1块
醋	5mL

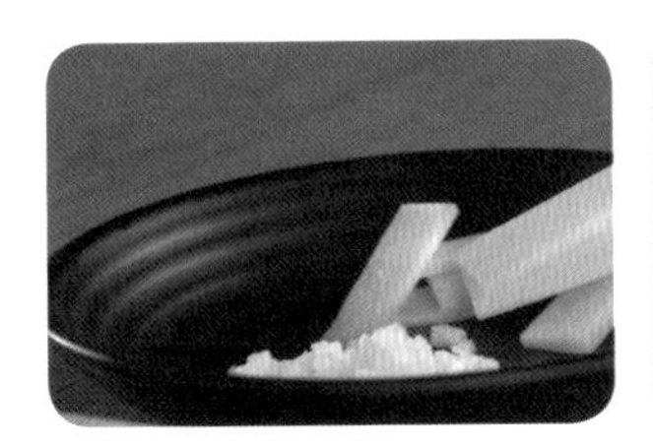

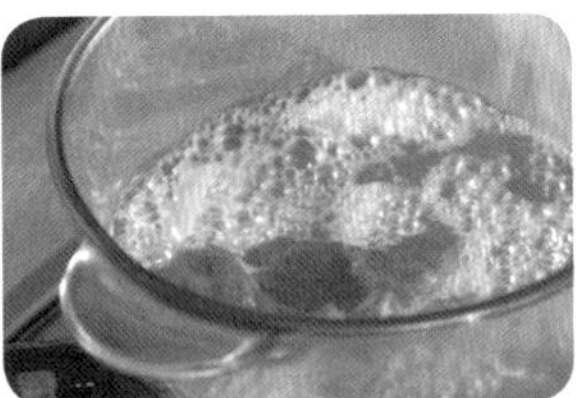

1	2
3	4

步骤

1. 姜分别切片、切末。
2. 蒸锅中倒入清水，放入姜片、橘皮。
3. 水沸腾后放入螃蟹，蒸20分钟即可取出。
4. 食用时可蘸姜末、醋。

扫一扫了解更多

煨海参

我很丑，可是我很可口

我有一个朋友，年近五旬，皮肤仍然白皙光滑、无皱纹，身材窈窕，看上去像三十来岁。问她用什么保养品，她说也没用什么，就是天天吃海参，吃了好几年了。当时在场的所有人都吓了一跳，天天吃海参，这得花多少钱呀？

自古以来，海参就是名贵滋补品，和燕窝、鱼翅、鲍鱼等同列为“八珍”。不过它成为珍馐的路漫长而曲折。早在三国时期，吴国沈莹的《临海水土异物志》就有食用海参的记载：“土肉，正黑，如小儿臂大，长五寸，中有腹，无口目，有三十足。炙食。”——因为只有“炙”一种吃法，但海参烤后肉质僵硬干枯，并不好吃，所以人们并不重视它，还给其起名“土肉”，以致它在很长一段时间里价值都没得到体现，甚至李时珍的《本草纲目》也没将它列入其中。直到明朝万历年间，因谢肇淛《五杂俎》的记载：“辽东海滨有之，其性温补，足敌人参，故曰海参”，海参才终于有了正式的名字。明末姚可成汇集的《食物本草》中有了详细描述：“海参，其形如虫，色黑，身多傀儡，功擅补益。肴品中之最珍贵者也，味甘咸平，无毒，主补元气。滋益五脏六腑，去三焦火热。”清赵学敏的《本草纲目拾遗》中也说海参“补肾精、益精髓、消痿涎、摄小便、壮阳、生百脉”。

虽从明朝起，海参的药用价值和滋补效果渐渐被人认识到，但因其产于海里，更多为沿海居民所食用。例如堪称清代饮食文化宝典的《红楼梦》中，同为名贵滋补品的燕窝频频出现，海参却只在第五十三回“宁国府除夕祭宗祠，荣国府元宵开夜宴”里出现在黑山村的老砍头送的礼单上，就因为满族远离海鲜类食物。

但海参到底在清代盛行起来，老砍头一次进贡给贾家的海参就有五十斤，海参成为有钱人家经常食用的美馔，烹调方法也日渐多样。朱彝尊的《食宪鸿秘》记录了四种：

“浸软（即泡法）煮熟，切片入腌菜、笋片、猪油炒用佳。或煮极烂，隔绢糟，切用。或煮烂芥辣拌用亦妙。切片，入脚鱼（即甲鱼）内更妙。”

操作都很简单，但未免太粗糙，可惜了如此名贵的食物。

《随园食单》中的三种“煨海参”法就精细多了，也更美味，更不损失营养：

海参，无味之物，沙多气腥，最难讨好。然天性浓重，断不可以清汤煨也。须检小刺参，先泡去沙泥，用肉汤滚泡三次，然后以鸡、肉两汁红煨极烂。辅佐则用香蕈、木耳，以其色黑相似也。大抵明日请客，则先一日要煨，海参才烂。尝见钱观察家，夏日用芥末、鸡汁拌冷海参丝，甚佳。或切小碎丁，用笋丁、香蕈丁入鸡汤煨作羹。蒋侍郎家用豆腐皮、鸡腿、蘑菇煨海参，亦佳。

袁枚所记，除了钱观察家的凉拌海参丝，另外三种分别是用香菇木耳或笋丁、香菇或鸡腿蘑菇煨海参，有点像现在的“红烧海参”，口感鲜爽醇厚、糯软滑嫩，应该是最容易操作且好吃的做法了。

至于想要通过吃海参吃出好皮肤，那是既烧钱，又需恒心的，可不是一般人能坚持的。听我这么说，朋友笑了：“买化妆品不要钱吗？我只不过是把用于抹脸的钱用来口服罢了。”

听起来很有道理。

海参是天天吃都没有副作用的食品。现代营养学研究表明，海参含有多种人体必需的不能合成的氨基酸，能促进人体受损伤的组织细胞的修复和再生，其独有的海参皂苷可有效抑制肿瘤细胞的生长，长期食用能提高免疫力，延缓衰老。

随着人们的养生进补意识的逐渐增强，像我朋友那样经常食用海参的人越来越多了，一手煨海参的手艺也成了养生爱美人士的基本技能。

主料

泡发海参　　2只

海洋棘皮动物，味甘咸。海参不仅是名贵的药材，也是珍贵的食品，是世界八大珍品之一。

配料

香菇	2个
木耳	50g
鸡精	2g
盐	1g
鸡汤	500mL

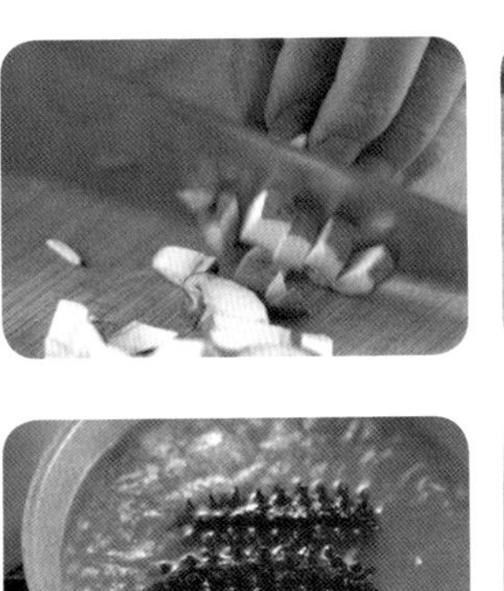

1 2

3 4

步骤

1. 香菇洗净后切丁。
2. 木耳洗净后切碎。
3. 鸡汤烧开，放入海参，煮沸后改小火慢煨到海参烂熟。
4. 木耳、香菇下锅慢煨至熟，加鸡精、盐调味即可。

杂素单

近些年素食主义兴起，很多人把食素当作一种健康、时尚的生活方式。其实，人类最初就是“吃素”的——远古时代的祖先们的食物几乎是植物果实、根须。在漫长的历史进程中，人类才慢慢发展为少数人食肉，到后来的普遍食肉。也就是说，人类“吃素”，最初是“主动吃”，然后发展到“被动吃”，而现今又回归到“主动吃”。

在有肉吃的情况下，能够意识到素食的重要性，最早见于《吕氏春秋》。书中提出：“肥肉厚酒，务以自强，命之曰烂肠之食。”《黄帝内经》则认为最好的饮食搭配应该是“五谷为养，五果为助，五畜为益，五菜为充”。孔子也说：“饭蔬食，饮水，曲肱而枕之，乐亦在其中矣。”他追求的是一种素朴清淡的生活。后来佛教传入，道教兴起，茹素糅合了道家的清淡养生、儒家的修身养性、佛家的慈悲不杀，因此素食越来越被重视。而到了现代，由于饮食观念的转变，素菜成为饮食中不可或缺的部分。

可以主动选择吃素的现代人是幸福的。日常饮食中以植物性食物为主，不仅是出于健康考虑，也是一种清雅精致的生活方式的选择。

家庭饮食中，杂素菜肴也应当是餐桌上的主力。相比肉类，杂素类食材烹饪起来既简单，也可以说非常难。说它简单，是素菜有其本来的独特味道，本味即好味。说它极难，是因为常吃易生厌，如何烹出不同的花样、不同的味道，是很费功夫的。

浩瀚的古籍里杂素菜肴不少，而且漫长的食素历史，让古人的植物性食材种类繁多，吃法花样百出。学古法制作杂素菜肴，不仅让食物的味道变得不一样，更重要的是，古人讲究药食同源，用料搭配和做法都完美诠释了我们追求的养生效果。像林洪的《山家清供》，更是赋予了杂素菜肴一种精神的享受，让人满足口腹之欲的同时，也完成了一次心灵之旅。

炒鸡腿蘑菇
爱上素食

相比香菇和圆蘑菇，我更喜欢鸡腿菇。鸡腿菇更绵实，炒、炖、凉拌都滑嫩鲜美，和其他肉类搭配也汤鲜肉美。凡是做菜需要配菌菇时，我必定会选鸡腿菇。

鸡腿菇的学名可不好听，叫“毛头鬼伞”，听起来就毛骨悚然。它的别号就好听多了，号称“菌中新秀”，大概指它的食用历史较短吧。似乎在《随园食单》之前，没有人记载过这种美味的菌，相关资料也只说它在德国、捷克、荷兰等国大量栽培，我国20世纪80年代才开始人工栽培。

袁枚在杂素单里讲蘑菇，提到他格外喜欢口蘑，但其易藏沙，更易发霉，须藏之得法，制之得宜。鸡腿菇就不同了，“便易收拾，亦复讨好”，不仅清洗贮藏方便，也更容易做出美味食肴。

确实，鸡腿菇杆长伞胖，只有杆脚下面略有沙，太懒的话直接截去便可。整个菌把像鸡腿一般粗壮肥白，肉质鲜嫩，烹出来真有点吃鸡肉的感觉。它还含有丰富的蛋白质、碳水化合物、多种维生素、矿物质，中医认为其能益胃安神、增进食欲、消食化滞，尤其因其高蛋白、低脂肪，经常食用能增强机体免疫力。

所以如若要吃素、减肥，可经常食用鸡腿菇。

袁枚还专门记录了一条“炒鸡腿蘑菇”。不过这一条让人很疑惑，一开始我也被弄得丈二和尚摸不着头脑。中华书局2010年9月版《随园食单》所记：

芜湖大庵和尚，洗净鸡腿，蘑菇去沙，加秋油、酒炒熟，盛盘宴客，甚佳。

鸡腿炒蘑菇？我觉得这是个天大的错误。这可是大庵和尚做的！想必是袁枚某次造访寺庙时，寺里安排的膳食，我们的美食家吃到这道菜，觉得好吃得不得了，马上叫出大厨和尚，询问做法，回家记录在案。就算袁老爷子是寺里的贵客，就算寺庙方愿意举全寺之力款待这位施主，大庵和尚也决计不敢犯戒律用鸡腿来招待客人。更不要说庙方日常自食了，那是决无可能的。

此外，这道菜被列在杂素单的末尾。如若不是“芜湖大庵和尚”烹调，而是其他什么杨中丞李太守家之类，在菜肴里，如豆腐皮里加少许虾米肉类提味倒是可能，但用鸡腿炒蘑菇，重点显然在鸡腿，那就不该收入杂素单而是羽单。既然在杂素单里，这道菜就一定是素菜，所以只可能是炒鸡腿菇而非鸡腿炒蘑菇。如果大庵和尚知道现代人把他的菜谱擅自改为鸡腿炒蘑菇，一定会冤得活过来。

所以这道菜的误会其实来自断句错误，正确的短句应是：“芜湖大庵和尚，洗净鸡腿蘑菇，去沙，加秋油、酒炒熟，盛盘宴客，甚佳”，这才像一道寺庙的素食。

当然酒也是个疑惑，出家人不能饮酒，不知道用作调料是否犯戒。只怪袁老爷子所记太简单，给我们留下这么多悬案。

其实这是一道技术含量很低的菜，小朋友都能操作。我喜欢吃鸡腿菇的本味，炒的时候通常只加油和盐，有次试着按袁老爷子的方法加了点酱油和酒酿，颜色不再乳白而微微偏红，显得更加浓稠，咸鲜中略带甜，倒也别有风味。若要色香味俱全，可往里加青、红两色辣椒，或加一点黑木耳，有红有白有绿还有黑，光是看看就觉得营养丰富，自然会胃口大开。

喜欢吃糖醋味的人也可以在蘑菇快出锅的时候放糖和醋，如此蘑菇的口感不至太脆太硬，同时也避免粘锅，放了糖以后，就会有点挂汁的感觉。蘑菇炒的过程会出水，喜欢汤的，可以后期拿小火煨熟，再浇到米饭上吃；不喜欢汤的，可以开大火爆炒，收干汤汁。

鸡腿菇适合大多数人吃，尤其是家里有需要戒食荤腥的病弱者（痛风患者除外），长期吃素菜是比较单调的，鸡腿菇味道鲜美、营养丰富，又可变着花样吃，是素食者很好的选择。

食材

主料

鸡腿菇	250g

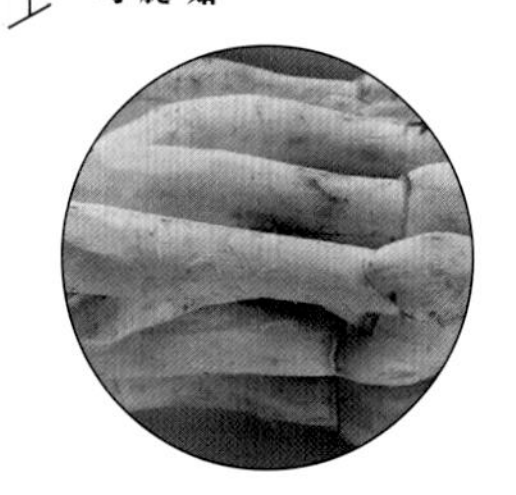

因形如鸡腿、肉质肉味似鸡而得名。营养丰富，清香味美，口感滑嫩，集营养、保健、食疗于一身。

配料

青椒	30g
红椒	30g
料酒	10g
酱油	5g
盐	1g

1 2
3 4

1. 青椒、红椒切条。
2. 鸡腿菇表面清理干净并切片。
3. 鸡腿菇下油锅翻炒，再加入青椒、红椒继续翻炒。
4. 加入盐、酱油、料酒，大火炒熟即可。

杂素单 No.2

炒面筋

和谁都搭，和谁搭都妙

如今素食餐厅在都市里越开越多，什么素鸡、素鱼、素红烧肉，都是用面食或豆制品制作而成，要的是那种形似和味似，欺骗食用者的眼睛和味觉，以达到既满足口腹之欲却又不致摄入过多油荤的目的。其中面筋是经常用到的原料。

这东西光听名字就知道是由面粉做成，在历史上出现很早，沈括的《梦溪笔谈》就有记载："濯尽柔面，则面筋乃见。"陆游的《老学庵笔记》卷七也有记载："（仲殊）所食皆蜜也。豆腐、面觔、牛乳之类，皆渍蜜食之。"李时珍《本草纲目·谷一小麦》也有专门记载："面筋，以麸与面水中揉洗而成者。古人罕知，今为素食要物。"在《西游记》里，面筋更是反复出现，一些国君宴请唐僧师徒时，宴席上常常出现面筋。

简单地说，面粉中加入少量盐和清水，反复搓洗，洗掉面团中的活粉和其他杂质后，剩下的面团就是生麸。生麸由麦胶蛋白质和麦谷蛋白质以及钙、铁、磷、钾等多种元素组成，其中的蛋白质含量高于瘦猪肉、鸡肉、鸡蛋和大部分豆制品，属于高蛋白、低脂肪、低糖、低热量的健康食品。生麸用水煮为水面筋，油炸的为油面筋。

做法奇异的食物通常都源于偶然，有两百多年历史的油面筋便是一个美丽的偶然。

相传很多年前，无锡有一座尼姑庵，庵里掌厨的师太厨艺了得，她做的素菜品种多样，味道也好，所以她名气很大，闻名来吃素斋的居士不少。她的素斋是用生麸做主料，配上冬笋、香菇之类或烧或炒或煮汤，令人赞不绝口。因为需求大，每次师太都要准备一缸生麸。有次一大拨老太太预约来庵堂念佛坐夜，当然也要吃斋饭。结果老太太们临时没来，这可急坏了师太，因为那备好的一大缸生麸，一过夜就会馊掉。师太不愿放弃这缸生麸，便想着把生麸团油炸后是否就不会馊了呢？说干就干，师太把生麸揉成一个个小块，结果生麸在油锅里膨胀成空心圆球，这便诞生了无锡名产“油面筋”。师太由此开发出了系列面筋菜，清炒面筋、酿面筋、面筋笋片、面筋汤……慢慢声名远播，面筋菜也就流行了起来。

《红楼梦》第六十一回中，大丫环司棋的小丫环莲花到厨房传话，要给司棋炖一个嫩嫩的鸡蛋，柳家的叫了一通苦，莲花便说：“谁天天要你什么来，你说上这两车子话？……前日春燕来说，晴雯姐姐要吃芦蒿，你怎么忙得还问肉炒鸡炒？春燕说荤的不好，才另叫你炒个面筋儿，少搁油才好。”

在吃惯大鱼大肉的贾府，像面筋这样的菜反倒受到姑娘们的欢迎。晴雯性格火暴，饮食倒一向清淡，所以柳家的说要用肉或者鸡来炒芦蒿她还嫌油腻，春燕才让她用面筋来炒芦蒿，就这还要特别关照“少搁油才好”。

主料

面筋	250g

1 面筋

一种植物性蛋白质，由麦胶蛋白质和麦谷蛋白质组成，属于高蛋白、低脂肪、低糖、低热量食物。

配料

芦笋	2 根
料酒	10g
酱油	5g
鸡精	2g
盐	1g

作为面制品，面筋和谁都搭，和谁搭都有对方的味道，所以是绝佳的配料。若做主料，也需配些提味增香的配料才妙。

袁枚深谙此道。他在《随园食单》里介绍了“面筋二法”：

一法面筋入油锅炙枯，再用鸡汤、蘑菇清煨。一法不炙，用水泡，切条入浓鸡汁炒之，加冬笋、天花。章淮树观察家，制之最精。上盘时宜毛撕，不宜光切。加虾米泡汁，甜酱炒之，甚佳。

素食并不意味着粗陋、不讲究，相反，越是长期食素，越讲究色、香、味的搭配，才能在食素路上走得心旷神怡。非素食者，也要在荤素之间寻找平衡，茹素与食肉都爱方得饮食精髓。

1. 面筋用清水浸泡半个小时后捞起，挤干水。
2. 芦笋切片。
3. 锅中加油烧热，倒入面筋、酱油、料酒炒 2 分钟。
4. 加入芦笋翻炒至熟，最后加入盐、鸡精调味即可。

杂素单 No.3

脆琅玕

清雅的早餐伴侣

营养师总是说，三餐营养要全面，尤其是早餐特别重要，要吃得像皇帝一样。然而都市中的人偏偏早餐吃得最马虎，两个包子一碗粥，稀里哗啦往肚子里一倒便匆匆赶去上班。

对家里的“膳食部长”来说，早餐也是很难安排的，光煮一锅粥绝对不行，还得有干粮，还得有下粥的菜。某一天我突然福至心灵，拌了一盘莴苣头丝，解决了一天中的第一个难题，效果还不错，就把它列为早餐常备小菜。莴苣头切丝、切片都脆嫩可口，它有独特的香味，有愉快的苦涩，只需用香油、辣椒和盐略拌就很好吃，又方便又下饭，还营养丰富，是很好的食疗之物。

清代医学家王士雄在他的《随息居饮食谱》中说：“莴苣微辛，微苦，微寒，微毒。通经脉利二便，析酲消食，杀虫蛇毒，可腌为脯，病人忌之。茎叶性同姜，汁能制其毒。”李时珍的《本草纲目》菜部第二十七卷记载：“莴苣利五脏，通筋脉，开胸膈功同白苣，利气，坚筋骨，去口气，白齿牙，明眼目，通乳汁，利小便，杀虫蛇毒。”现代医学认为莴苣的营养价值高，莴苣的白色乳汁中含有莴苣素，莴苣素具有非麻醉性的镇咳镇静作用。平日适量食用生莴苣，可以助消化。

当然，莴苣生食的食疗效果最好，也正好解决早餐时间匆忙的问题。袁枚的《随园食单》记录了食莴苣的二法，都是生食：“新酱者，松脆可爱，或腌之为脯，切片食甚鲜。然必以淡为贵，咸则味恶矣。”

莴苣的吃法是多种多样的，不嫌麻烦的话花样很多， 清代那位盐商吃货童岳荐在其《调鼎集》中收有拌、腌、烘、烧、酱、糟等莴苣菜十二款。其中有一道酿莴苣：“香莴苣去皮，削荸荠式，头上切一片做盖，挖空填鸡绒，仍将盖签上烧”，真是不怕麻烦啊，但想一想都觉得好吃。

莴苣原产地中海地区，约5世纪时传入我国，唐代孙思邈在《千金食治》菜蔬部第三有记载：“野苣、白苣味苦平，无毒，易筋力。”白苣即是莴苣。宋代陶谷著《清异录》记载：“呙国（西域国名）使者来汉，有人求得菜种，酬之甚厚，故因名千金菜，今莴苣也。”元代忽思慧在《饮膳正要》菜品条著：“莴苣味苦、冷，无毒，主利五藏，开胃膈，拥气，通血脉。”

不过最有内涵的当属宋人林洪的《山家清供》所记，有一款“脆琅玕”，其实就是今天的凉拌莴苣：“莴苣去叶皮，寸切，瀹以沸汤，捣姜、盐、熟油、醋拌之，颇甘脆”。琅玕，古书指“石而似玉”，就是像玉的石头。莴苣的根茎去皮，碧绿青翠，可不像玉一样吗！如今餐桌上最普通的菜，冠上清雅的古名，顿时显得文化底蕴深厚起来，吃在嘴里似乎吸收了天地精华，仙风道骨起来。

林洪比我们略勤快一点，把莴苣入沸水中稍氽，想来是为了去除苦味。他哪里知道，今人买莴苣专拣苦涩的，只因那苦涩代表着原生态，代表着记忆中的味道。当然他的调料也多一点，除了加姜末，还加了醋。不过调料完全是各有所爱，有时我也会加浓油、辣椒、蒜末，将莴苣切成宽大的薄片，红油油的颇有几分吃红油猪耳的错觉。

不过红油猪耳味道香浓，失了袁枚所言需“以淡为贵”，更失了林洪“脆琅玕”的清幽。

相传杜甫也爱吃莴苣，《山家清供》记：“杜甫种此，二旬不甲坼，且叹君子脱微禄，坎轲不进，犹芝兰困荆杞。以是知诗人非有口腹之奉，实有感而作也。”对大诗人玩票种菜的能力表示惊讶，对他想吃点莴苣都如此艰难更表示同情，如今每天早上都用“脆琅玕”下粥也是小事一桩啊。

食材

主料

莴苣头	2根

1 莴苣

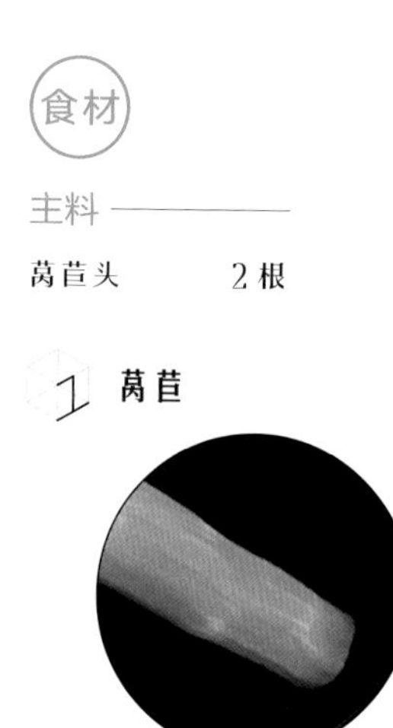

又称莴笋，主要食用肉质嫩茎，可生食、凉拌、炒食、干制或腌渍，嫩叶也可食用。

配料

姜末	5g
盐	1g
香油	10g
醋	5g

1 | 2 | 3

1. 去皮莴苣头切成片。
2. 莴苣片入沸水略汆，再捞起放凉。
3. 莴苣片中放入姜末、盐、醋、香油，拌匀即可。

杂素单 No.4

火肉白菜汤
林妹妹的私房菜

读《红楼梦》时有此感慨，任你花容月貌、才华盖世或有享不完的荣华富贵，身体差了一切都是白搭。林妹妹就是典型的例子。

虽然自小父母双亡，借住贾家，但外祖母疼爱，吃穿用度跟贾家的女孩一样，从不短缺什么。甚至连办终身大事的钱，老外婆和舅舅嫂嫂都早有考虑。可惜自古美女福薄，才女夭寿，黛玉自幼体弱，贾府的珍馐佳肴，她也只能尝一两口。反倒是不值钱的火肉白菜汤，看起来更对她的胃口。

在第八十七回里，黛玉“感秋深抚琴悲往事”，郁结于心。她的丫环兼知己紫鹃最懂她的心思，便拿吃的来打岔：

紫鹃走来看见这样光景，想着必是因刚才说起南边北边的话来，一时触着黛玉的心事了，便问道：“姑娘们来说了半天话，想来姑娘又劳了神了。刚才我叫雪雁告诉厨房里，给姑娘作了一碗火肉白菜汤，加了一点儿虾米儿，配了点青笋紫菜，姑娘想着好么？”

两人说着话，外头婆子送了汤来。

一面盛上粥来，黛玉吃了半碗，用羹匙舀了两口汤喝，就搁下了。

可怜心事重重的林妹妹只喝了两口汤，辜负了紫鹃的心意。也许她心里很明白这个从小一起长大、情同姐妹的丫头的情意，只是身体太不争气，因此她说：“你们就把那汤和粥吃了罢，味儿还好，且是干净。”

想来，这汤在平时是她爱吃的，也是很适合她吃的。

这道菜的主料是白菜。白菜有“百菜之王”的美誉，含有大量维生素、膳食纤维和矿物质，营养丰富，而且质地柔嫩，易于消化，也被称为“天下第一菜”。在民间有“白菜豆腐保平安”的说法，就因为白菜能够清火、润肺、防治感冒。

如今形容东西不值钱，往往用“白菜价”，实在是太小瞧白菜了。元代之前，白菜叫菘，早在新石器时代半坡时期人们就已经开始食用白菜了，三国有“陆逊催人种豆菘”的记载，南齐的《齐书》有“晔留王俭设食，盘中菘菜而已”的记述，同期的陶弘景说：“菜中有菘，最为常食。”唐朝时已选育出白菘，韩愈的诗曾提到：“晚菘细切肥牛肚，新笋初尝嫩马蹄。”北宋大吃货苏东坡还专门为白菜写了首诗：“白菘类羔豚，冒土出熊蹯。”把白菜说得跟羊羔猪肉一样好吃，这是有多爱吃白菜。

与苏轼同时代的科学家苏颂在《图说本草》里说：“扬州一种菘，叶圆而大……啖之无渣，绝胜他土者，此所谓白菜。”从此，菘正式更名为白菜。苏颂大约也喜欢吃白菜，更巧的是，他和苏轼同一年去世。

李时珍的《本草纲目》记载：“菘有两种：一种茎圆厚微青，一种茎扁而白。燕、赵、辽阳、扬州所种者最肥大而厚，一般重十余斤。”黛玉所食白菜汤之白菜，是“茎扁而白”，应是如今称为“大白菜”的白菜。

我妈妈买得最多的菜就是大白菜了，因为便宜，几乎是所有菜里最便宜的。但是她做出来的白菜我都不吃，因为她要么清水煮，要么少油炒，白菜总是淡而无味。

传说国宴里大繁至简的“开水白菜”就是用的最普通的大白菜，说明原料虽好，但得有好料来配。

火肉煮白菜既简单又美味，值得在家尝试。火肉就是火腿，本身营养丰富，补而不腻，《本草纲目拾遗》说它营养丰富，可以益肾、补胃、生津，和白菜同煮，不仅让白菜有味，补益作用也加倍。至于白菜，在现代烹饪中，不少厨师反而用同属的洋白菜，即圆白菜来代替。除了味道、营养价值接近外，最重要的原因是圆白菜更耐煮，烹饪时间可以加长，以使得火腿的浓郁更加入味。这道菜无须另外加盐，若要汤更鲜美，可像黛玉的那道开胃汤一样，加一点儿虾米，配点青笋、紫菜，让菜品更好看，营养也更丰富。

食材

主料

圆白菜	500g
火腿	4片

1 圆白菜

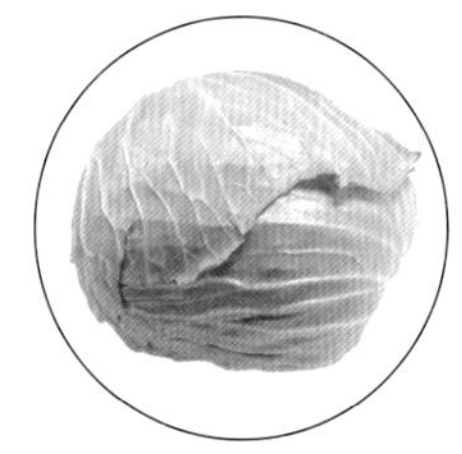

常见蔬菜之一，富含水分和维生素C。

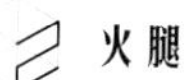

2 火腿

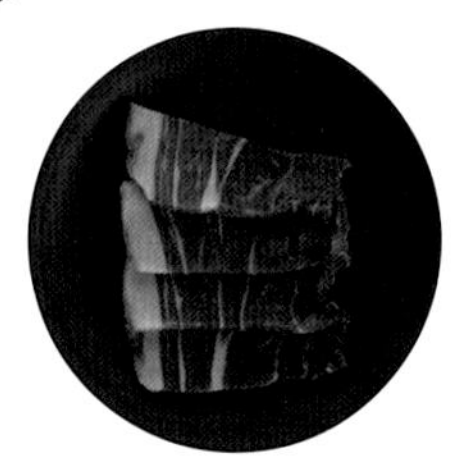

是经过盐渍、烟熏、发酵和干燥处理的腌制动物后腿，色、香、味、形、益五绝。

配料

莴苣	50g
虾米	8g
紫菜	5g
鸡精	2g
姜片	5g
高汤	500mL

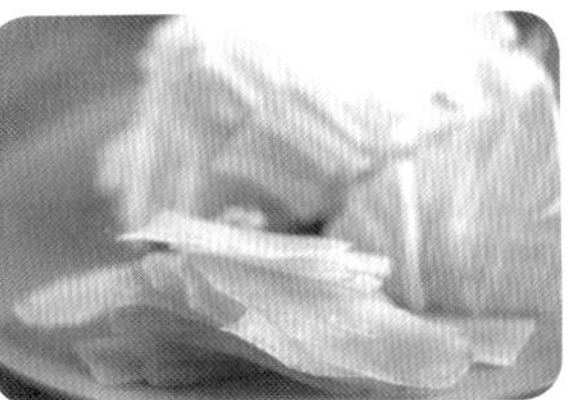

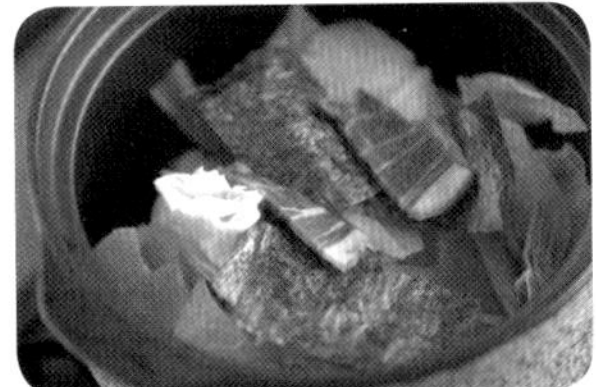

1 2
3 4

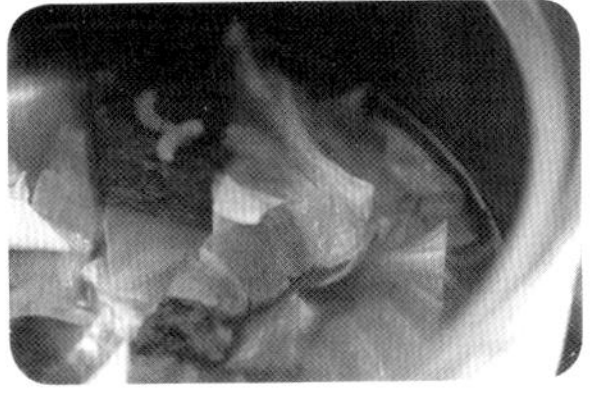

1. 圆白菜洗净切段，莴苣洗净后切片。
2. 先将姜片、虾米、2片火腿铺在砂锅底部，再将圆白菜、莴苣码在砂锅里，最后将紫菜和剩余的火腿放在圆白菜上面。
3. 锅内加入高汤、清水，大火烧开后改小火煮10分钟。
4. 食材煮熟后可加鸡精调味。

杂素单 No.5

茭白炒肉
你能想到的鲜爽

小时候，大人们常常对我们说："给你斑竹笋炒肉吃！"千万不要以为中午餐桌上有一道肉，这不过是一句威胁的话，调皮捣蛋的孩子听罢立即老实起来——惹火了大人，拿竹条抽在皮上，可不是"竹笋炒肉"嘛！

很多年来我一直在寻思斑竹笋炒肉片会是什么味道，春天新笋上市时我也试过笋片炒肉，但总觉得味儿不对，不知哪里没处理好，笋片不进味，也不爽脆。后来用高笋代替，问题全解决了，一点异味都没有，而且香脆，肉味也清香。

高笋虽然叫笋，其实只是样子像笋，是水里的植物，更好听的名字叫茭白，也叫出隧、绿节、菰菜、茭首、菰首、菰笋、菰蒋子、菰手、茭笋。不过它最初并非作为蔬菜被种植，而是作为粮食。周朝《礼记》中说"食蜗醢而菰羹"，菰羹即菰米粥。"菰"就是茭白的古名，我们的祖先采集它的种子作粮食，和稌、黍、稷、粱、麦一起并称六谷。

直到唐代以前，菰都主要作为粮食种植。李白有"跪进雕胡饭，月光照素盘"的诗句，雕胡饭就是菰米饭。《尔雅》记载："邃蔬似土菌生菰草中。今江东啖之甜滑。"说明春秋时期有人食用菰茎，但不普遍。后来人们发现有些菰感染黑粉菌后不抽穗，茎部却膨大可食，遂逐渐作为蔬菜种植，就是我们现在食用的茭白。

我们的祖先对待食物很认真，因此对这种因为病变而出现的新品种，自然也必须研究一下。唐代医学家孟诜说它："滑中，不可多食。性滑，发冷气，令人下焦寒，伤阳道。禁蜜食，发痼疾。服巴豆人不可食。"明代倪朱谟的《本草汇言》记："脾胃虚冷作泻者勿食。"清代《随息居饮食谱》也说："精滑便泻者勿食。"

大概因为是变异得来的食物，负面信息比较多。其实茭白富含蛋白质、脂肪、膳食纤维、维生素B_1、维生素B_2、维生素E、胡萝卜素和矿物质等。嫩茭白的有机氮素以氨基酸状态存在，并能提供硫元素，味道鲜美，营养价值较高，容易为人体所吸收，有“水中参”的名号。据《本草纲目》记载，茭白具有“解烦热，调肠胃”的药效，还有解毒利尿的功能。

作为蔬菜，优质茭白细嫩、结实、洁白，口感介于鲜笋和蘑菇之间，爽脆可口，清香软滑，和肉同炒更是味道鲜美。《随园食单》杂素单记载：

茭白炒肉、炒鸡俱可。切整段，酱、醋炙之，尤佳。煨肉亦佳。须切片，以寸为度，初出太细者无味。

袁枚认为茭白和猪肉、鸡肉同炒均可，也可切厚片煨肉。嫩白的茭白片沾染上肉的香味，油腻的肉沾上茭白的清香，一道荤素兼得、色彩鲜艳、香味扑鼻的家常菜就出锅了。

荤菜搭素菜，不仅是为了营养更丰富，也是为了口感更好。《红楼梦》里的野鸡瓜齑就加了很多素菜丁，其中就有茭白。想来也是，即使吃一道非常好吃的肉菜，如若不经意吃到一口或爽脆或绵软的素菜，不仅解了腻，也有一种意想不到的美妙体验。

茭白含有较多碳水化合物、蛋白质、脂肪等，可以补充人体所需的营养物质，同时热量低，其中的豆甾醇更能清除体内的活性氧，抑制酪氨酸酶的活性，从而阻止黑色素的生成，还能软化皮肤表面的角质层，使皮肤润滑细腻，因此有减肥美容的功效。

主料

猪肉	300g
茭白	100g

1 猪肉

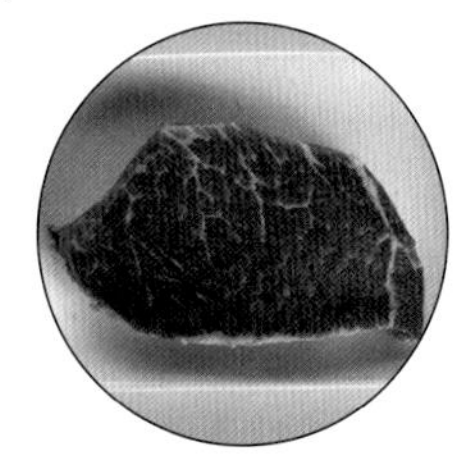

人们餐桌上重要的动物性食品之一。含有丰富的蛋白质及钙、铁、磷等，具有补虚强身、滋阴润燥等作用。

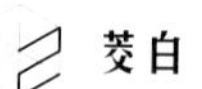
2 茭白

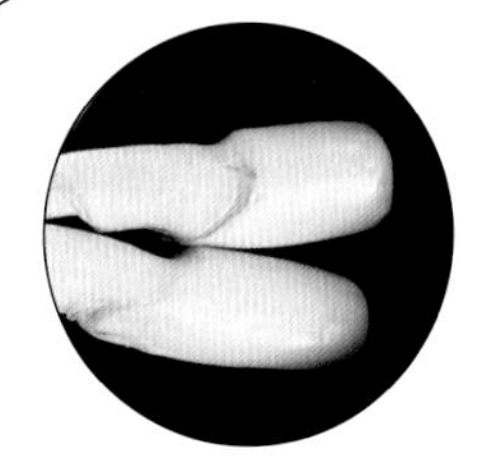

又名菰笋、高笋等，我国特有的水生蔬菜。脆嫩略甘，鲜嫩的茭白既可作蔬菜，又可作水果。

配料

大葱	1根
生粉	5g
料酒	5g
盐	1g
酱油	3g

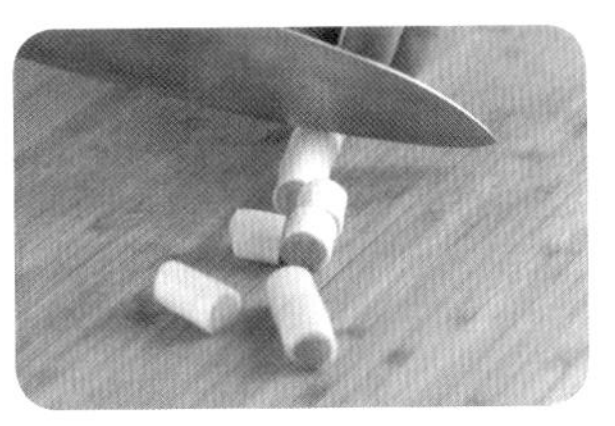
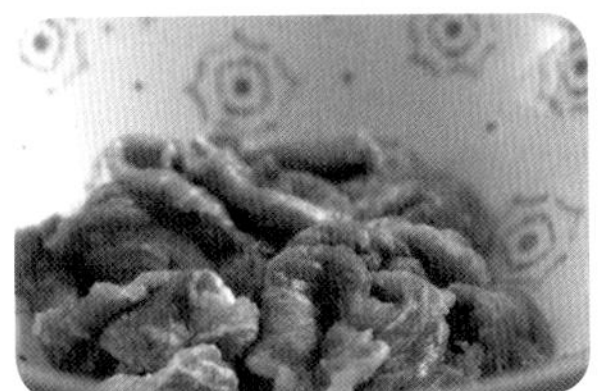

1	2
3	4
5	6

1. 茭白洗净后切片。
2. 猪肉切片。
3. 大葱切段。
4. 猪肉中放入盐、料酒、生粉拌匀，再腌制 15 分钟。
5. 锅中放油，倒入猪肉翻炒，加入酱油、料酒炒至变色，盛出待用。
6. 另起锅，锅中放油，烧热后倒入茭白煸炒至发软，加葱段、猪肉混炒几下，加盐调味即可。

杂素单 No.6

金镶白玉板

金镶白玉板，红嘴绿鹦哥

外国电影里面的小孩普遍不喜欢吃菠菜，大人们就总是用大力水手吃了菠菜后力大无穷的故事来鼓励他们吃菠菜。有专家认为，自1929年叼着烟斗、爱吃菠菜并以此爆发力量的“大力水手”诞生后，美国人吃进肚子的菠菜量比原先多了三分之一。

我很理解那些可怜的外国小孩，毕竟他们吃的蔬菜通常只是白水煮一下，最多拌点沙拉酱食用，而且菠菜本身有涩味，味道确实不怎么样。如果他们的父母把菠菜都煮成“金镶白玉板”，孩子们恐怕都像“大力水手”一样喜欢吃菠菜了。

“金镶白玉板”在《随园食单》中的描述很简单：

> 菠菜肥嫩，加酱水、豆腐煮之。杭人名“金镶白玉板”是也。如此种菜虽瘦而肥，可不必再加笋尖、香蕈。

“加酱水、豆腐煮之”，寥寥几个字，让人完全猜不到做法，好在他特意说明“杭人名‘金镶白玉板’是也”。

杭州菜“金镶白玉板”可就名声赫赫了。据说，有次乾隆皇帝私下江南，一天中午又走得头昏眼花、饥肠辘辘，看到前方有一茅舍，屋顶上炊烟袅袅，便决定去蹭点吃的。茅舍只有女主人在家，家里也没什么吃的，好在这位农妇是个巧媳妇，发现还有两块豆腐，便去地里拔了些菠菜，把豆腐切成小块，用油煎成两面金黄，跟菠菜一起烧。客人竟然一口气把豆腐菠菜吃光了，连声请教这是什么山珍海味。农妇听了笑得要背过气，便逗他说：“这菜叫‘金镶白玉板，红嘴绿鹦哥’。”农妇只是随口一诌，却打动了乾隆，这道菜也就因为皇帝喜欢而成为御膳，随后名声大噪，成为杭州的一道名菜。

大概杭州人都会做这道菜，因此袁枚觉得完全没必要讲做法。只是他这一省略，让今人摸不着头脑，豆腐烧菠菜怎么是“金镶白玉板”呢？但他这一写，好多人因此爱上吃菠菜，有两个当官的尤其爱吃，一个叫姚亮甫，一个叫康兰皋，他们称菠菜是京城菜肴中难得的佳品。他们吃的不是“金镶白玉板”，而是专拣肥大的菠菜叶和菠菜梗，加入浓油，再用上好的干虾米炒之。这样烹调出来的菠菜当然好吃，这种烹制方法在京城的官宦之家风靡一时，许多原本不爱吃菠菜的人也因此爱上吃菠菜。

我想，那些只有在“大力水手”的激励下才捏着鼻子吃一点菠菜的外国孩子，如果吃到中国古代富人家烹制的菠菜或普通人家的“金镶白玉板”，怕是也会爱上吃菠菜吧。

据传，历史上爱吃菠菜的还有魏征。那时菠菜刚从尼泊尔引进中国不久，还叫菠棱菜，很珍贵。魏征爱上了菠菜，天天都想吃。但他老婆偏偏讨厌吃菠菜，不给他做，于是他经常吃不到菠菜。唐太宗李世民为了堵他的嘴，便专门请他吃菠菜。面对碧绿清香的菠菜，魏征一个字都说不出来。李世民暗笑，嘴里说：“爱卿既然没胃口，那就撤下换一个吧。”魏征急了，连忙说：“不不不不！不要换！不瞒万岁，魏征最爱吃菠菜……”

中医认为，菠菜味甘性凉，有养血、止血、止渴、润燥之功用；对便血、坏血病、便秘等有一定疗效。近年的研究显示，菠菜有抗菌和降胆固醇的功效，还有防感冒、防冠心病和抗癌的作用，因此被称为抗癌食物。

食材

主料

菠菜	100g
豆腐	250g

1 菠菜

又名波斯菜、赤根菜、鹦鹉菜等，富含类胡萝卜素、维生素C等多种营养素，可用来烧汤、凉拌、单炒等。

2 豆腐

一种以黄豆为主要原料的食物。高蛋白，低脂肪，具有降血压、降血脂、降胆固醇的功效。

配料

姜末	5g
酱油	5g

自从“金镶白玉板”的吃法出现，豆腐和菠菜就成了经典搭配，后来人们发现，菠菜中的草酸会影响人体对豆腐中的钙的吸收，于是注重养生的人不再将二者同煮。不过相比让人愉快地吃菠菜，那一点草酸和钙的结合物实在微不足道。

1. 豆腐切薄块。
2. 菠菜洗净后切段。
3. 锅中倒油，烧热后放入豆腐块，煎至两面金黄。
4. 另起锅，菠菜过油炒熟备用。
5. 煎过豆腐的底油加姜末略炒，加适量清水、酱油煮沸，倒入豆腐。
6. 豆腐熟后，加入菠菜略煮即可盛出。

杂素单 No.7

金玉羹

板栗和山药的金玉良缘

一到秋冬，懂得养生的人总会去菜市觅一些补气益神的新鲜食材，比如板栗。当秋风乍起，毛茸茸的板栗挂在枝头，又从枝头“啪”的一声坠落，吃板栗的黄金时节就来啦。

关于板栗，民间还有句俗语：“八月的梨子，九月的楂，十月的板栗笑哈哈”。说的是板栗成熟炸裂，就像咧嘴大笑，也是说人们吃上美味乐得合不拢嘴。香甜酥脆让它成为孩子们爱吃的坚果，它还是抗衰老、延年益寿的滋补佳品，有“人生果”的美誉。中医认为板栗性温，味甘平，入脾、胃、肾经，有补肾健脾、强身壮骨、益胃平肝等功效，因此又有“肾之果”的美名。板栗所含的不饱和脂肪酸和多种维生素，有对抗高血压、冠心病、动脉硬化等疾病的功效。同时它含有丰富的维生素C，能够维持牙齿、骨骼、血管肌肉的正常功能，可以预防和治疗骨质疏松、腰腿酸软、筋骨疼痛、乏力等，还可延缓人体衰老。板栗中还含有核黄素，常吃板栗对日久难愈的小儿口舌生疮和成人口腔溃疡有益。

总之，板栗好吃，营养丰富，还可饱腹，因此可以当饭吃。

跟板栗一样可以“当饭吃”的还有山药。

小时候听过一个故事：一个不孝子想害死病弱的老母亲，去找医生开药方。医生说这简单，你把这粉每天给她煮粥吃，要不了多久她就会死的。不孝子便把那粉拿回去，每天给母亲熬粥，满以为会看到母亲的身体越来越弱，直到死去，谁知母亲的精气神却越来越足，竟变得红光满面。原来，医生开的药方中的粉就是山药粉。

这个故事让我印象深刻，也让我对山药有了深刻的印象，知道这是一味可以养人的食材。

《本草纲目》说山药的五大功用是“益肾气，健脾胃，止泻痢，化痰涎，润皮毛”，因此可治疗脾胃虚弱、泄泻、体倦、食少、虚汗等病症。山药的食用历史悠久，有史料记载，在公元前七百多年，各诸侯就把它当作贡品，进贡给周王室。《神农本草经》把它列为上药，说："薯蓣（山药的旧名）味甘温，主伤中，补虚羸，除寒热邪气，长肌肉，久服耳目聪明，轻身不饥，延年。"

那么两个都可以当饭吃的补人的家伙凑在一起会有什么效果？当然是"一加一大于二"啦！板栗和山药特别适合做成无米之粥，老人小孩都喜欢吃。《山家清供》记载的"金玉羹"几乎是板栗和山药的最佳组合方式了。

所谓金玉羹，就是板栗和山药熬成糊状，只不过《山家清供》里的做法还加了羊肉，让羹味道更好：

山药与栗各片截，以羊汁加料煮，名金玉羹。

这道金玉羹，准确的名字应是山药板栗羊肉羹吧，因为加了羊肉汁，就注定它不能是甜味，而需加入些许大料、盐，以压制羊汤的腥气。不过恰恰因为有了咸和大料香，才越发显出板栗的甜和山药的香软。板栗的金黄和山药的糯白，的确是金玉良缘金玉羹了。它们的滋补功效和羊肉的功效一叠加，几乎可以横扫秋冬一切羹汤。

林洪没有写做法，不过也不必那么讲究，将三样东西混在一起煮成粥状总没差的。有一位现代名医建议："一两板栗、二两山药、三两羊肉放在一起熬汤。"他认为，板栗是补脾的，山药也是补脾的，羊肉是补阳的，三者同煮可以补我们身体的阳气。

最关键的是这道羹做出来不油腻，混合着板栗、山药和羊汤的香气，既清香又浓郁，既饱腹又营养充沛，当作每天的早餐都是极好的。

主料

山药	100g
板栗	100g
羊肉	250g

1 山药

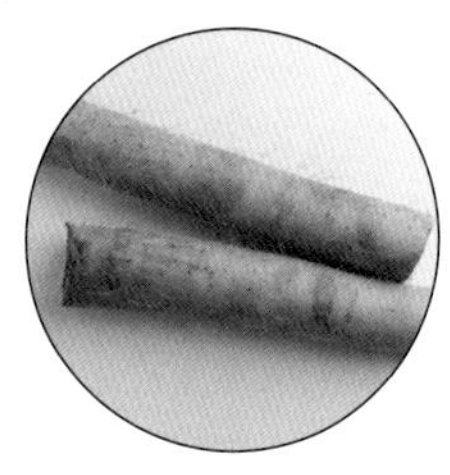

薯蓣科植物薯蓣的干燥根茎。质坚实，断面白色，味淡、微酸。

2 板栗

果肉淡黄，含糖、淀粉、蛋白质、脂肪及多种维生素、矿物质。

3 羊肉

全世界普遍的肉品之一。肉味较浓，肉质细嫩，有膻味。最适宜于冬季食用。

1	2
3	4

配料

盐	2g
鸡精	2g

1. 羊肉切小块，再过沸水汆一下。
2. 山药切块后放入清水中泡一下。
3. 锅中加水烧开，放入羊肉、板栗、山药、鸡精、盐。
4. 慢炖至羊肉烂熟即可。

杂素单 No.8

山家三脆

人间肉食何曾鄙

常吃大鱼大肉的人，难免挂念小菜，身体和心理上都需要那一抹清淡。有一些素菜本身食材味道奇美，如果再加以适宜调料调味，那真是仙家美馔，比肉食更令人垂涎。

山家三脆便是比肉更美味的素菜，有一首诗形容它："笋蕈初萌杞叶纤，燃松自煮供亲严。人间肉食何曾鄙，自是山林滋味甜。"有了它，连肉都不要了。《山家清供》收录的全是山林美物，三脆能从中脱颖而出，自然是非常独特的了。

看看做法：

嫩笋、小蕈、枸杞入盐汤焯熟，同香熟油、胡椒盐各少许，酱油滴醋拌食，赵竹溪蚕夫酷嗜此，或作汤饼以奉亲，名三脆面。

嫩笋、小蘑菇都是寻常东西，枸杞芽却不常见。枸杞芽其实就是春天长出的枸杞嫩芽，又叫枸杞头、甜菜头。我们知道枸杞子是宝贝，有降低血糖、抗脂肪肝、抗动脉粥样硬化的作用，其实枸杞一树都是宝，它的叶、茎、花、子、根、皮均有医疗保健作用，是强身壮体、延年益寿、美容养颜的佳品。李时珍的《本草纲目》记载："春采枸杞叶，名天精草；夏采花，名长生草；秋采子，名枸杞子；冬采根，名地骨皮。"天精草，说的就是枸杞嫩芽了。

枸杞芽略带苦味，后味微甜，很爽口，能清火明目，民间常用来治疗阴虚内热、咽干喉痛、肝火上扬、头晕目眩、低热等。《食疗本草》中记载枸杞头有坚筋耐老、除风、补益筋骨和去虚劳等作用。

食用枸杞芽的做法自古以来就有，明徐光启的《农政全书》："枸杞头，生高丘，实为药饵出甘州，二载淮南实不收，采春采夏还采秋，饥人饱食为珍馐。救饥，村人呼为甜菜头。"枸杞芽凉拌、热炒、煲汤均可，味道鲜美，营养丰富。

《红楼梦》里的大小姐们是枸杞芽的拥趸。宝钗和探春联手管理贾府事务的时候比较辛苦，大概就有些上火，喜吃"油盐炒枸杞芽"。

在第六十一回里，厨娘柳嫂子说："……前儿三姑娘和宝姑娘偶然商议了要吃个油盐炒枸杞芽儿来，现打发个姐儿拿着五百钱来给我，我倒笑起来了……"管理整个贾府事务的俩人却只想吃个清炒枸杞芽，可见这东西好吃。事实上枸杞叶能够调经理气，《生草药性备要》认为它能"明目，益肾亏，安胎宽中，退热，治妇人崩漏下血"，宝钗体丰怕热，有从胎里带来的病，有些经血不调，很应该多吃这道菜来调理。探春是个女强人，个性刚烈，也能靠食物来做些疏解。传说乾隆时期枸杞芽是宫中嫔妃们常吃的菜，想来御厨们是很懂得膳食养生之道的。

如果枸杞芽中加上鲜嫩的笋子、香滑的蘑菇，无论是食疗效果还是味道都成倍增加。竹笋味甘，微寒，无毒，《本草纲目》概括竹笋诸功能为：消渴，利水道，益气，化热，消痰，爽胃。香蕈一般指香菇，《本草求真》说："香蕈，食中佳品，凡菇禀土热毒，唯香蕈味甘性平，大能益胃助食，及理小便不禁。然此性极滞濡，中虚服之有益，中寒与滞，食之不无滋害。取冬产肉厚，细如钱大者良。"

这三种菜蔬性味相近，味道叠加，当然是一道来自山林的恩物。难怪有了它，连肉都可以不吃了。这道菜之所以美妙，还在于它时令之短，鲜笋和枸杞芽都时不我待，必须及时采摘，过一日便食如嚼蜡。初春时节，如果路遇卖鲜笋和枸杞芽的，千万不要犹豫，立即买下，再买几朵香菇，为自己做一道山家三脆。如若有剩余，加淀粉勾芡，用作浇头做面，便是三脆面，那也是味道极好的。现在也有以豆芽代替枸杞芽，但营养价值大打折扣。

主料

高笋	1根
香菇	2个
豆芽	100g

1 高笋

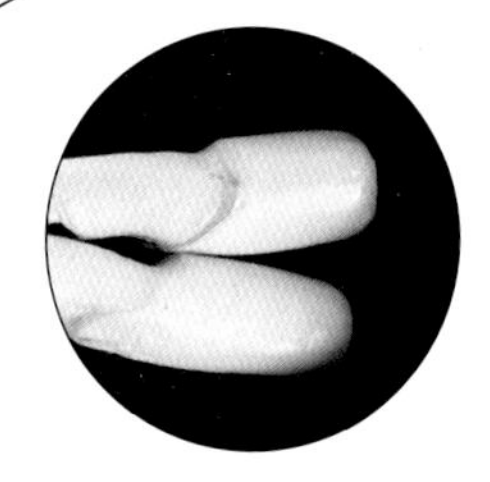

又名茭白、菰笋等，我国特有的水生蔬菜。脆嫩略甘，鲜嫩的茭白既可作蔬菜，又可作水果。

2 香菇

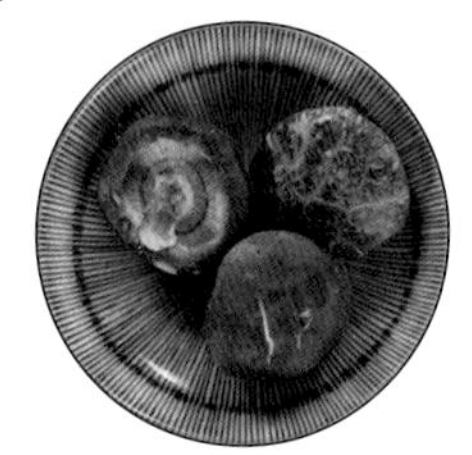

又名香蕈、香菰，味道鲜美，香气沁人，营养丰富，是高蛋白、低脂肪的营养保健食品。

3 豆芽

又称芽苗菜，通常为各种豆类的种子培育出可以食用的"芽菜"，也称"活体蔬菜"。食用的主要部分为下胚轴。

1 2

3 4

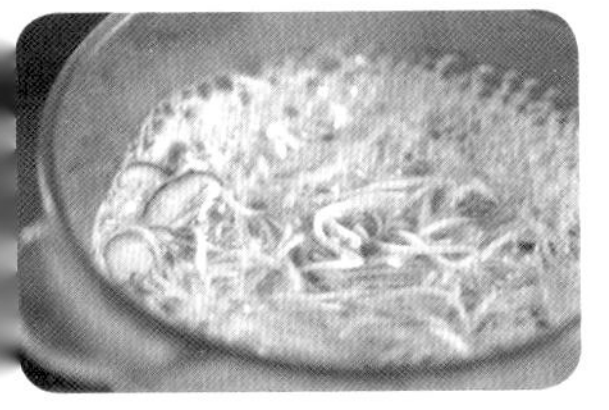

配料

盐	2g
胡椒粉	2g
酱油	5g
醋	3g

1. 洗净的香菇切片。
2. 洗净的高笋切片。
3. 香菇、高笋入沸水，加适量盐，略煮，再加入豆芽，煮熟后捞出。
4. 焯熟的材料盛进大碗，加盐、胡椒粉、酱油、醋拌匀即可。

杂素单 No.9

王太守八宝豆腐

吃的是豆腐，品的是配料

看《随园食单》，很容易发现袁枚的秘密——这个一生以吃为人生要务的美食家，特别喜欢吃豆腐。粗粗一翻，杂素单里收录的豆腐菜肴有十几种：蒋侍郎豆腐、杨中丞豆腐、张恺豆腐、庆元豆腐、芙蓉豆腐、程万立豆腐、虾油豆腐……一书在手，爱吃豆腐的人简直有了一本豆腐烹调大全。

袁枚为什么对豆腐情有独钟？只因豆腐实在是绕不过去的常见食材，入菜之久、之广，是美食家无法忽视的。

谁都知道豆腐是出家人最常食用的食物，直到今天也是素食菜肴的主要材料，被称为“植物肉”。公元前164年，一个不务正业一心想炼丹成仙的王孙淮南王刘安在炼丹的时候偶然以石膏点豆汁，发明了豆腐，从此开启了豆腐轰轰烈烈的时代。当然也有人认为唐朝末期才出现豆腐，不过这不影响豆腐悠久的历史和在素食里的至尊地位。

豆腐虽朴实，营养价值却极高，两小块豆腐，即可满足一个人一天中钙的需要量。中医一向认为豆腐是补益清热的养生食品，常食可补中益气、清热润燥、生津止渴、清洁肠胃。

袁枚所记的豆腐菜肴中，以王太守八宝豆腐级别最高——它来自御膳房。而最早获得这个方子的徐乾学，还花了一千两银子。

传说是这样的：康熙爷有一道特别喜欢的私房菜，赐名“八宝豆腐”，是用嫩豆腐，加猪肉末、鸡肉末、虾仁末、火腿末、香菇末、蘑菇末、瓜子仁末、松子仁末，用鸡汤烩煮成羹状的菜肴。要知道皇帝吃的菜是秘不外传的，老百姓跟皇帝爷同吃一道菜，成何体统。但皇帝们有时会把宫廷菜肴秘方当作奖品发放，就跟赏赐折扇、汗巾子是一样的，是天大的恩宠，甚至比金银珠宝还要荣耀，江苏巡抚宋牧仲等宠臣就得到过“八宝豆腐”的方子。宋牧仲当时已经七十二岁，他将方子视若珍宝。

话说有一年，尚书徐乾学年事已高，上本告老还乡。康熙爷念其劳苦功高，准奏，并且御赐大内八宝豆腐秘方，回家颐养天年。徐尚书奉旨去御膳房领方子，竟被勒索了一千两银子。徐尚书将这珍贵的方子传给了门生楼村，楼村又传给自己的后人，到乾隆年间，已经传到楼家的外孙，姓王的孟亭太守手中。王太守跟袁枚交好，知道袁枚爱吃，自然要与他分享。如此，宫廷秘方才得以流传，发扬光大，成为今天浙江萧山传统的汉族名菜。

因为配料丰富，所以吃进的是豆腐，尝到的却是八种美味，吸收的是若干种营养。同时因为选用嫩豆腐，八宝皆做成羹糜，入口软嫩，食用时甚至不用羹匙，也不必用筷子，很适合老年人食用。所以康熙爷多把八宝豆腐赏赐给年事已高的功臣。

袁枚在书里说：

用嫩片切粉碎，加香蕈屑、蘑菇屑、松子仁屑、瓜子仁屑、鸡屑、火腿屑，同入浓鸡汁中，炒滚起锅。用豆腐脑亦可。用瓢不用箸。孟亭太守云："此圣祖赐徐健庵尚书方也。尚书取方时，御膳房费银一千两。"太守之祖楼村先生为尚书门生，故得之。

真险，如果徐尚书也将花一千两得来的方子视若珍宝秘不外传，又或者他的门生楼村不传给外孙，抑或外孙王太守不认识袁枚，那么这道菜就不会这么有名，它的菜名也不会被冠以"王太守"之名了。这说明无私自有厚报，在吃的领域尤其如此。

食材

主料

嫩豆腐	300g
熟鸡肉	30g
熟火腿	25g
猪肉末	15g
香菇末	15g
蘑菇末	15g
虾米	15g
瓜子仁	2.5g

1 豆腐

一种以黄豆为主要原料的食物。高蛋白，低脂肪，具有降血压、降血脂、降胆固醇的功效。

2 鸡肉

肉质细嫩，滋味鲜美，适合多种烹调方法，并富有营养，有滋补养生的作用。

3 火腿

是经过盐渍、烟熏、发酵和干燥处理的腌制动物后腿，色、香、味、形、益五绝。

4 猪肉

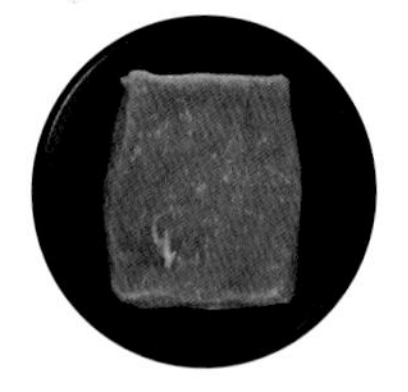

人们餐桌上重要的动物性食品之一。含有丰富的蛋白质及钙、铁、磷等，具有补虚强身、滋阴润燥等作用。

5 香菇

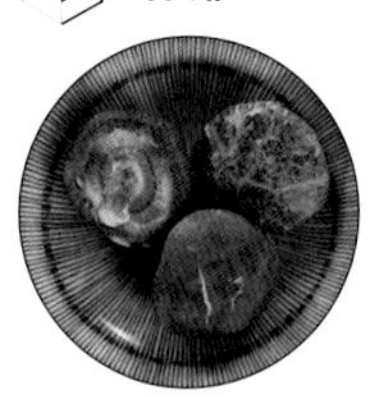

又名香蕈、香菰，味道鲜美，香气沁人，营养丰富，是高蛋白、低脂肪的营养保健食品。

蘑菇

最常见的食用菌种之一，肉质肥厚，不仅是一种味道鲜美、营养齐全的菇类蔬菜，而且是具有保健作用的健康食品。

虾米

由鹰爪虾、羊毛虾、脊尾白虾、对虾等加工的熟干品。味甘、咸，性温，营养丰富。

瓜子仁

瓜子去壳所得，营养丰富，不仅可以作为零食，还是制作糕点的原料，也是重要的榨油原料。

配料

猪油	50g
湿淀粉	50g
盐	2g
味精	1g
料酒	5g
鸡汤	150mL

1

2

3

步骤

1. 豆腐切丁，熟鸡肉、熟火腿剁成肉末；炒锅烧热，用油滑锅后，下猪油至化，再倒入鸡汤和豆腐丁烧开。
2. 锅中加入猪肉末、香菇末、蘑菇末、虾米、火腿末、鸡肉末、瓜子仁、料酒、盐。
3. 小火稍烩后，旺火收紧汤汁，再放味精调味，加湿淀粉勾芡后盛出即可。

杂素单 No.10

猪油煮萝卜

浓郁的清淡

“冬吃萝卜夏吃姜，不劳医生开药方”，我妈是这话的忠实信徒，因此我家一到冬天就充斥着炖萝卜的味道。对于不那么合格的厨妇，萝卜实在是好处理的家伙，只需大卸八块，烧牛肉或煨排骨都是好搭档，实在要单独表演，拌个丝或炒个片或炖个块，都不会太差。

萝卜算是非常亲民的蔬菜了，《红楼梦》里，刘姥姥说他们在家不过“一个萝卜一头蒜”，民间也有“萝卜青菜各有所爱”的说法，可见萝卜跟青菜一样属于老百姓常吃的菜。据说我国萝卜有两千多个地方品种，有文字记载的萝卜种植及食用的历史就有两千七百多年。《诗经·邶风·谷风》中“采葑采菲”，所采的“菲”就是萝卜。在汉代文献中，萝卜名为“芦菔”“罗服”等，宋代称之为“萝匐”“土酥”，到了明代，李时珍将其命名为“萝卜”，一直沿用至今。

虽然如今成为最家常的蔬菜，但在唐代中期，白萝卜却属于朝廷贡品，仅在指定地点可以种植。清代吴其浚在《植物名实图考》里，描述了北京“心里美”萝卜受欢迎的程度：“忽闻门外有‘萝卜赛梨’者，无论贫富髦雅，奔走购之，唯恐其越街过巷也。”他对萝卜的评价是“琼瑶一片，嚼如冷雪。齿鸣未已，众热俱平”。

不管怎样，当年“王谢堂前燕”的萝卜，终究成了家家户户常吃的蔬菜。这也让它将自身的价值发挥到最大化，成为骄傲的萝卜。

生萝卜甜脆，带辛辣，煮熟之后有特殊香味，不仅好吃，也是很好的养生食材。《本草纲目》认为，萝卜“生吃可以止咳、消胀气，熟食可以化瘀、助消化”。《食疗本草》说，萝卜“利五脏、轻身，令人白净肌细”。《新修本草》则认为萝卜能“大下气，消谷和中，去痰癖，肥健人”。所以民间又有谚语说：“十月萝卜小人参，家家药铺关大门。”

现代医学也认为，萝卜含有能诱导人体自身产生干扰素的多种微量元素，可增强机体免疫力，并能抑制癌细胞的生长，对防癌、抗癌有重要意义。

白萝卜有长、圆两种，味道相差无几，只要个头大小合适、根形圆整，则该萝卜就肥水充足，不会太辣；同时一定要选表皮光滑的，萝卜肉才会细腻；萝卜拎在手里沉甸甸的，才不会空心。秋冬季节，选购新鲜的萝卜，或白灼，或红烧，或煲汤，或者入泡菜坛、风干盐渍……样样皆宜。

煮萝卜时我妈从不用色拉油，总是用猪油。也可以说，我家常年准备的猪油，除了平时做汤用，最重要的用途就是煮萝卜。说来也奇怪，菜油、色拉油炖出来的萝卜就是没有猪油炖出来的香、软、汤色浓郁。相比之下，猪油比植物油更香，也更容易被食材吸收，因此煮出来的萝卜更香软。

主料

白萝卜	300g

1 白萝卜

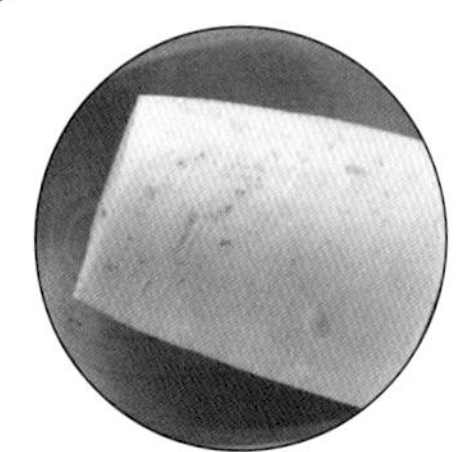

根茎类蔬菜，其味略带辛辣，能促进消化，增强食欲，在饮食和中医食疗领域都有广泛应用。

配料

虾米	2g
猪油	2勺
盐	1g
酱油	5g
葱花	2g

后来在《随园食单》里看到袁枚的做法，恍悟我妈炖萝卜只用猪油的原因，原来是民间长期实践得来的经验啊。袁枚在“猪油煮萝卜”里记：

用熟猪油炒萝卜，加虾米煨之，以极熟为度。临起加葱花，色如琥珀。

袁枚果然是美食家，不像我们只是用猪油直接炖萝卜，而是先炒，再加点虾米提味。照单做一回，果真出现“色如琥珀”的汤色。盛盆上桌，既清淡又浓郁，令人垂涎三尺，小时候过年吃猪骨炖萝卜的回忆扑面而来。

现代家庭大多不食猪油，顾忌猪油热量高，觉得不健康，甚至谈猪油色变。营养学界对猪油也是颇多争议，不过中医认为猪油味甘，性凉，归脾、肺、大肠经，能补虚、润燥、解毒、调味等，和植物油调剂食用，也无不妥。

1. 洗净、去皮的白萝卜切片。
2. 热锅中放入猪油，化开后放入白萝卜翻炒一会儿。
3. 加入虾米、清水，大火煮沸后转小火慢煨至白萝卜烂熟。
4. 加入盐、酱油调味，盛出后撒上葱花即可。

可拆卸菜谱

东坡腿

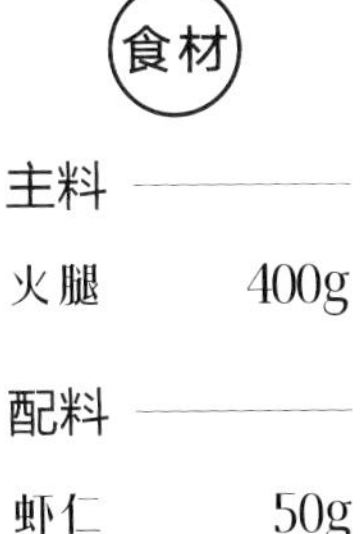

主料

火腿	400g

配料

虾仁	50g
笋	75g
鸡蛋清	20g
生粉	20g
料酒	10g

1. 火腿洗净后，在靠肉的一面纵横各切 2 刀。
2. 笋切成滚刀块。
3. 虾仁洗净，加入料酒、鸡蛋清、生粉，搅匀成浆虾仁，备用。
4. 将火腿皮朝下放在大碗中，加入清水至淹没。
5. 将碗放入蒸锅用大火蒸 1 个小时，然后滗去汤水，换清水，加盖再蒸 1 小时，再将咸水滗去。先后如此法蒸 3 次，使火腿咸味变淡、火腿肉酥烂。
6. 火腿连同汤水一起倒入蒸锅中，再放入笋片，用中火煮 15 分钟后取出火腿，浇上汤汁。
7. 炒锅置旺火上，倒入清水，水烧沸后放入浆虾仁煮熟。
8. 将浆虾仁放在火腿上面即可。

肺羹

主料

猪肺	300g

配料

笋	80g
鸡腿菇	80g
松子仁	50g
盐	1g
料酒	2g
大葱段	5g
姜片	5g
花椒	1g

1. 猪肺用清水洗净后切成小块。
2. 笋切片。
3. 鸡腿菇切片。
4. 锅中倒水，水沸后放入猪肺，猪肺煮几分钟后捞出。
5. 锅中倒入水，再放入葱段、姜片、猪肺、花椒、料酒、盐同煮，煮至猪肺七八成熟时捞出。
6. 在之前的汤汁中加入鸡腿菇、松子仁、猪肺、笋，同煮至汤白浓香即可。

灌肚

主料

猪小肚	4只
糯米	100g

配料

黑豆	50g
枸杞	2g
酱油	5g
姜片	3g
白糖	1g

1. 糯米、黑豆、枸杞用清水浸泡1个小时。
2. 用盐将猪小肚正反面搓洗干净，在清水中浸泡片刻后捞出。
3. 将白糖、酱油倒入糯米、黑豆、枸杞中充分拌匀，静置10分钟。
4. 静置后的糯米等用勺子灌入小肚，然后用牙签将开口处别好。
5. 锅中倒水，煮开后放入姜片、猪小肚煨煮。
6. 猪小肚煨煮至筷子能穿透时捞出，随吃随切。

荷叶粉蒸肉

主料

五花肉	300g
香米	300g
荷叶	1 张

配料

川味辣椒香料	约 50g
盐	1g
胡椒粉	1g
料酒	2g
酱油	2g

1. 五花肉切成片。
2. 在切好的五花肉里撒入盐、胡椒粉、酱油、料酒，搅拌腌制，让肉充分入味。
3. 热锅，倒入川味辣椒香料、香米，炒至香米变成金黄色，取出并研磨成粉。
4. 将腌好的五花肉、香米粉末一起混合拌好，包入荷叶内，入锅蒸。
5. 先大火蒸 10 分钟，再改至中火蒸 30 分钟左右。
6. 蒸好后取出，割开荷叶即可。

火腿炖猪手

主料

火腿	150g
猪手	200g

配料

冬瓜	100g
白萝卜	100g
盐	1g
鸡精	2g
料酒	5g
大葱段	5g
姜片	5g

1. 用勺子把白萝卜、冬瓜舀成球形。
2. 锅内加水，烧开后放入切成块的火腿，煨至七成熟时捞出。
3. 锅中加水，烧开后放入切成块的猪手，大火煮开，再撇去浮沫。
4. 锅中加入葱段、姜片、火腿、鸡精、盐、料酒，加盖煮至七成熟。
5. 锅中放入冬瓜球、白萝卜球，煮8分钟。
6. 煮好后盛出装盘即可。

荔枝肉

主料

猪肉	300g
梨	100g

配料

盐	2g
白胡椒粉	2g
料酒	10g
醪糟	10g
生粉	20g
番茄酱	50g
大葱	1根
醋	5g
白糖	1g

1. 将猪肉切成0.5厘米左右厚的片，再切出细十字花刀。
2. 梨去掉核、皮，再切成小块。
3. 大葱切成1厘米左右的小段。
4. 猪肉中加入盐、白胡椒粉、料酒拌匀，腌制30分钟。
5. 腌制后的猪肉用生粉裹好。
6. 锅中倒油，烧至八成热，放入猪肉炸至酥脆后捞起。
7. 锅中倒油，放入葱段、梨翻炒，加入番茄酱、醪糟、白糖、醋、盐继续翻炒。
8. 倒入炸过的猪肉翻炒至裹上酱汁，最后加入生粉调成的芡汁翻炒均匀即可。

套肠

主料

猪小肠	1副

配料

盐	2g
料酒	10g
桂皮	1片
八角	3个
香叶	5片
面粉	10g
酱油	5g
白糖	2g
白醋	10g
姜片	5g

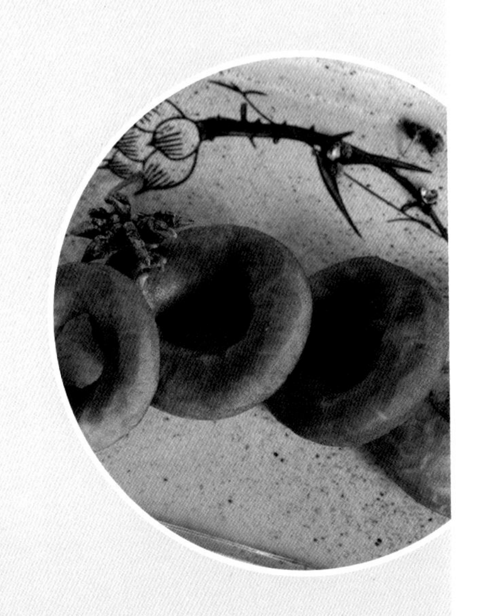

1. 用盐、白醋、面粉将猪小肠外表面搓洗干净，然后用清水洗净，剪成80厘米左右长的段。
2. 用筷子将猪小肠翻过来反复搓洗。
3. 把筷子插进小肠，不要全部插没，然后顶着肠壁插进另一头。另一只手一直往下撸，直到撸不下，然后一手捏着一端，拔去筷子，在口上插上牙签固定。
4. 锅中倒入清水，水开后放入套肠，焯水5分钟后取出。
5. 另起锅，锅中倒入清水，放入香叶、八角、桂皮、白糖、料酒、酱油、姜片，大火烧开，放入套肠，转小火慢煮90分钟左右。
6. 煮熟的套肠取出，拔掉牙签，装盘即可。

夏月冻蹄膏

主料

猪蹄	1只
石花菜	100g

配料

盐	1g
白糖	1g

1. 猪蹄洗净后汆水。
2. 将汆水后的猪蹄入锅炖煮至软烂，取出。
3. 猪蹄剔除骨头并切碎。
4. 切碎的猪蹄和石花菜同煮，加入盐、白糖，熬制成浓汁。
5. 盛盆，入冰箱冷却成果冻般的晶体。
6. 食用时取出，切片，视个人口味拌入佐料即可。

羊羹

主料

羊肉	200g
茭白	100g
香菇	30g
山药	100g

配料

大葱段	5g
姜片	5g
盐	1g
花椒	1g
鸡汤	500mL

1. 羊肉切小块。
2. 茭白、山药、香菇切丁。
3. 锅中倒水，煮沸后放入羊肉，煮熟后捞出。
4. 锅中倒入鸡汤，煮开后放入羊肉、葱段、姜片、茭白丁、山药丁、香菇丁、花椒、盐，加盖煮。
5. 煮至羊肉烂熟即可盛出。

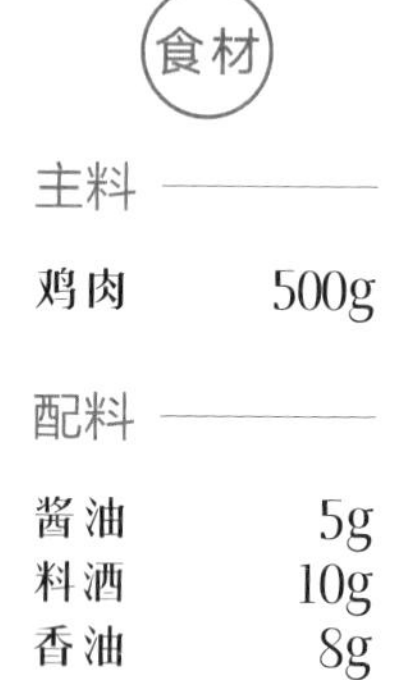

捶鸡

食材

主料

鸡肉	500g

配料

酱油	5g
料酒	10g
香油	8g

步骤

1. 鸡肉洗净切块，用刀背轻轻拍打鸡块，直至肉松。
2. 鸡块洗净，沥干水。
3. 鸡块中加入料酒、酱油、香油，抓匀。
4. 将鸡块放入蒸锅内煨煮至熟。

鸡豆

主料

鸡肉	200g
黄豆	80g

配料

料酒	5g
盐	2g
小茴香	1g
花椒	1g
桂皮	1g

1. 黄豆用水泡软。
2. 鸡肉汆水后切成小块。
3. 鸡肉入油锅略炒，再加入盐、料酒、黄豆、花椒、小茴香、桂皮翻炒。
4. 加入适量清水，大火煮开后转文火煮至黄豆熟烂即可。

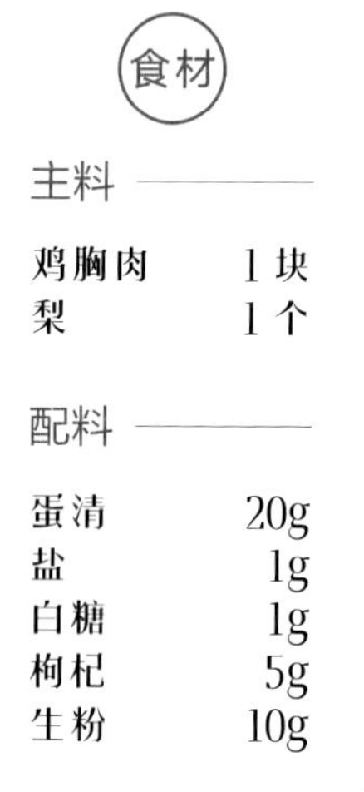

梨炒鸡

食材

主料

食材	用量
鸡胸肉	1块
梨	1个

配料

食材	用量
蛋清	20g
盐	1g
白糖	1g
枸杞	5g
生粉	10g

1. 鸡胸肉切条。
2. 鸡肉中加入盐、白糖、蛋清、生粉拌匀。
3. 梨去核、皮后切片。
4. 锅中下油，放入鸡肉炒熟，再加入梨片和枸杞翻炒均匀即可。

蘑菇煨鸡

主料

鸡块	300g
蘑菇	4个

配料

茭白	2根
醪糟	50g
酱油	8g
青椒	1个
大葱	1根
冰糖	20g

1. 青椒切块。
2. 茭白切块。
3. 蘑菇切块。
4. 大葱切段。
5. 鸡块汆水。
6. 锅中倒油，烧热后放入鸡块、酱油、醪糟、蘑菇、冰糖翻炒。
7. 加入适量水，大火烧开后转文火慢煨。
8. 鸡肉熟煨烂后，加入茭白、青椒、葱段翻炒至茭白熟即可。

珍珠团

食材

主料

鸡胸肉	200g

配料

酱油	3g
面粉	50g
鸡蛋	1个
面包糠	50g
炼乳	50g
料酒	3g

步骤

1. 鸡胸肉切丁，再加入料酒、酱油拌匀腌制。
2. 鸡蛋打散。
3. 鸡胸肉沾上面粉、蛋液、面包糠。
4. 锅里倒油，烧热后放入鸡胸肉，炸至金黄熟透。
5. 装盘，配上一碟炼乳即可。

猪胰煮老鸡

主料

鸡块	300g
猪胰	150g

配料

姜片	5g
盐	2g

1. 鸡块汆水。
2. 洗净的猪胰切碎。
3. 将鸡块、猪胰、姜片入锅同煮。
4. 煮至鸡块熟烂，加盐调味后盛出即可。

饨鸭

主料

鸭肉	300g

配料

大葱	1根
酱油	5g
料酒	10g
醋	5g
核桃仁	15g
沙参	50g
红枣	3个

步骤

1. 用清水浸泡沙参、红枣。
2. 洗净的鸭肉汆水。
3. 大葱切小段。
4. 锅内加水，烧开后放入鸭肉、红枣、沙参、葱段、核桃仁、料酒、酱油、醋。
5. 大火煮沸后转小火，煮至鸭肉烂熟。

酒酿蒸鸭子

主料

鸭肉	300g

配料

米酒	150g
枸杞	15g
姜片	10g
大葱	1 根
盐	1g

1. 鸭肉用清水浸泡半个小时左右，再去除血水，然后沥干水。
2. 鸭肉中加入盐、米酒，抓匀，静置 20 分钟。
3. 锅中加水烧开，将鸭肉连同米酒放入蒸锅，再放上姜片、枸杞、葱段。
4. 大火烧开，转小火蒸 45 分钟左右即可。

鸭羹

主料

鸭肉	300g

配料

笋子	80g
香菇	2个
核桃仁	20g
料酒	10g
大葱	2段
姜片	10g
酱油	5g
盐	1g

1. 鸭肉洗净、汆水后加水煨炖。
2. 香菇、笋子切丁。
3. 鸭肉煨炖至七分熟时加笋丁、香菇丁、核桃仁、葱段、姜片、酱油、料酒、盐。
4. 煮至鸭肉软烂即可。

醋搂鱼

主料

草鱼	400g

配料

酱油	3g
醋	1g
料酒	5g
生粉	15g
葱花	10g

1. 草鱼切成两爿，划十字花抹上生粉。
2. 锅中倒油，烧热后放入草鱼，炸至金黄熟透后取出。
3. 冷锅放酱油、料酒、醋，烧开。
4. 调好的酱汁淋在鱼上，撒上葱花即可。

鲫鱼羹

食材

主料

鲫鱼	1条

配料

香菇	2朵
茭白	1根
料酒	10g
盐	2g
鸡精	2g

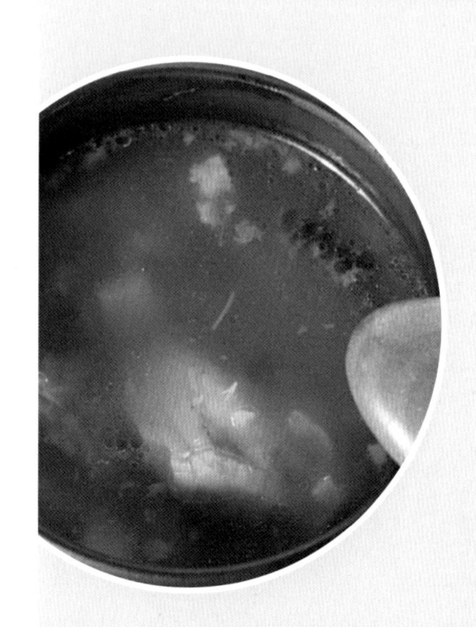

步骤

1. 香菇切丁。
2. 茭白切丁。
3. 剖开、洗净的鲫鱼放入沸水里煮熟，捞出。
4. 煮熟的鲫鱼去除鱼刺。
5. 将鲫鱼肉放入之前煮鱼的水里，加入香菇丁、茭白丁、料酒、盐、鸡精同煮。
6. 待香菇、茭白熟后即可盛出装盘。

连鱼豆腐

主料

鱼头	半个
豆腐	200g

配料

料酒	50g
黄豆酱	50g
酱油	50g
大葱	50g

1. 豆腐切块，大葱切段。
2. 在鱼头正面抹上酱油，剖面涂一层黄豆酱。
3. 热锅倒油，将鱼头正面朝下放进锅里，煎至两面金黄。
4. 锅中加水煮沸，放入料酒、葱段、豆腐。
5. 大火煮开，然后改小火煮 15 分钟左右即可盛出。

虾丸鸡皮汤

食材

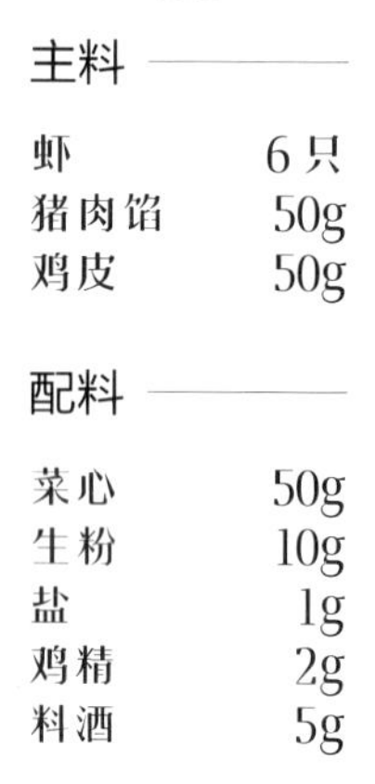

主料

食材	用量
虾	6只
猪肉馅	50g
鸡皮	50g

配料

食材	用量
菜心	50g
生粉	10g
盐	1g
鸡精	2g
料酒	5g

步骤

1. 虾剥壳洗净，去虾线，再剁成细茸。
2. 虾茸与猪肉馅混合，加入盐、料酒、生粉拌匀。
3. 锅内加油，放入鸡皮爆香。
4. 锅肉加入清水，煮沸后将虾肉茸舀成虾丸入锅。
5. 待虾丸全部浮在水面时，加入菜心略煮，最后加盐、鸡精调味即可。

蒸蟹

主料

螃蟹	3 只

配料

姜	1 块
橘皮	1 块
醋	5mL

1. 姜分别切片、切末。
2. 蒸锅中倒水，放入姜片、橘皮，水沸腾后放入螃蟹蒸 20 分钟即可。
3. 食用时可蘸姜末、醋。

煨海参

主料

泡发海参	2只

配料

香菇	2个
木耳	50g
鸡精	2g
盐	1g
鸡汤	500mL

1. 香菇切丁，木耳切碎。
2. 鸡汤烧开，放入海参，煮沸后改小火慢煨到海参烂熟。
3. 木耳、香菇下锅慢煨至熟，加鸡精、盐调味即可。

炒鸡腿蘑菇

主料

鸡腿菇	250g

配料

青椒	30g
红椒	30g
料酒	10g
酱油	5g
盐	1g

1. 青椒、红椒切条。
2. 鸡腿菇表面清理干净并切片。
3. 鸡腿菇下油锅翻炒，再加入青椒、红椒继续翻炒。
4. 加入盐、酱油、料酒，大火炒熟即可。

炒面筋

主料

面筋	250g

配料

芦笋	2 根
料酒	10g
酱油	5g
鸡精	2g
盐	1g

1. 面筋用清水浸泡半个小时后捞起，挤干水。
2. 芦笋切片。
3. 锅中加油烧热，倒入面筋、酱油、料酒炒 2 分钟。
4. 加入芦笋翻炒至熟，最后加入盐、鸡精调味即可。

脆琅玕

主料

莴苣头	2根

配料

姜末	5g
盐	1g
香油	10g
醋	5g

1. 去皮莴苣头切成片。
2. 莴苣片入沸水略汆，再捞起放凉。
3. 莴苣片中放入姜末、盐、醋、香油，拌匀即可。

火肉白菜汤

食材

主料

圆白菜	500g
火腿	4片

配料

莴苣	50g
虾米	8g
紫菜	5g
鸡精	2g
姜片	5g
高汤	500mL

步骤

1. 圆白菜洗净切段，莴苣洗净后切片。
2. 先将姜片、虾米、2片火腿铺在砂锅底部，再将圆白菜、莴苣码在砂锅里，最后将紫菜和剩余的腿放在圆白菜上面。
3. 锅内加入高汤、清水，大火烧开后改小火煮10分钟。
4. 食材煮熟后可加鸡精调味。

茭白炒肉

主料

猪肉	300g
茭白	100g

配料

大葱	1 根
生粉	5g
料酒	5g
盐	1g
酱油	3g

1. 茭白洗净后切片。
2. 猪肉切片。
3. 大葱切段。
4. 猪肉中放入盐、料酒、生粉拌匀，再腌制 15 分钟。
5. 锅中放油，倒入猪肉翻炒，加入酱油、料酒炒至变色，盛出待用。
6. 另起锅，锅中放油，烧热后倒入茭白煸炒至发软，加葱段、猪肉混炒几下，加盐调味即可。

金镶白玉板

食材

主料

菠菜	100g
豆腐	250g

配料

姜末	5g
酱油	5g

1. 豆腐切薄块。
2. 菠菜洗净后切段。
3. 锅中倒油，烧热后放入豆腐块，煎至两面金黄。
4. 另起锅，菠菜过油炒熟备用。
5. 煎过豆腐的底油加姜末略炒，加适量清水、酱油煮沸，倒入豆腐。
6. 豆腐熟后，加入菠菜略煮即可盛出。

金玉羹

主料

山药	100g
板栗	100g
羊肉	250g

配料

盐	2g
鸡精	2g

1. 羊肉切小块，再过沸水氽一下。
2. 山药切块后放入清水中泡一下。
3. 锅中加水烧开，放入羊肉、板栗、山药、鸡精、盐。
4. 慢炖至羊肉烂熟即可。

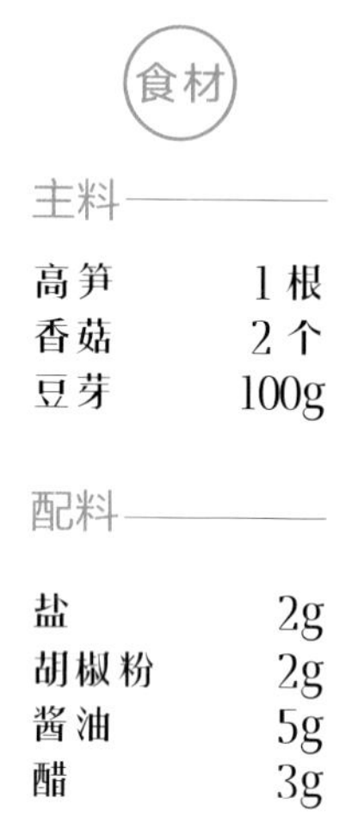

山家三脆

食材

主料

高笋	1根
香菇	2个
豆芽	100g

配料

盐	2g
胡椒粉	2g
酱油	5g
醋	3g

1. 洗净的香菇切片。
2. 洗净的高笋切片。
3. 香菇、高笋入沸水，加适量盐，略煮，再加入豆芽，煮熟后捞出。
4. 焯熟的材料盛进大碗，加盐、胡椒粉、酱油、醋拌匀即可。

王太守八宝豆腐

主料

嫩豆腐	300g
熟鸡肉	30g
熟火腿	25g
猪肉末	15g
香菇末	15g
蘑菇末	15g
虾米	15g
瓜子仁	2.5g

配料

猪油	50g
湿淀粉	50g
盐	2g
味精	1g
料酒	5g
鸡汤	150mL

1. 豆腐切丁，熟鸡肉、熟火腿剁成肉末；炒锅烧热，用油滑锅后，下猪油至化，再倒入鸡汤和豆腐丁烧开。
2. 锅中加入猪肉末、香菇末、蘑菇末、虾米、火腿末、鸡肉末、瓜子仁、料酒、盐。
3. 小火稍烩后，旺火收紧汤汁，再放味精调味，加湿淀粉勾芡后盛出即可。

猪油煮萝卜

食材

主料

白萝卜	300g

配料

虾米	2g
猪油	2勺
盐	1g
酱油	5g
葱花	2g

步骤

1. 洗净、去皮的白萝卜切片。
2. 热锅中放入猪油，化开后放入白萝卜翻炒一会儿。
3. 加入虾米、清水，大火煮沸后转小火慢煨至白萝卜烂熟。
4. 加入盐、酱油调味，盛出后撒上葱花即可。